Flex und F[...] 3

Addieren und Subtrahieren

Erarbeitet von
Britta Decker und Sandra Felix
in Zusammenarbeit mit der
Redaktion Grundschule.

Unter beratender Mitwirkung von
Rolf Breiter, Anja Göttlicher, Marion Krones,
Babette Steiner und Sabine Willmeroth.

Diesterweg®

Zeichenerklärung

Mathekonferenz
- Beschäftige dich zuerst alleine mit der Aufgabe.
- Notiere deine Überlegungen.
- Suche dir mindestens zwei Kinder, die sich auch mit der Aufgabe beschäftigt haben.
- Stellt euch gegenseitig eure Überlegungen vor.
- Sprecht darüber.

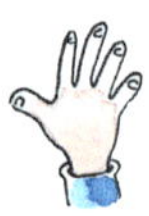

Benutze Material!

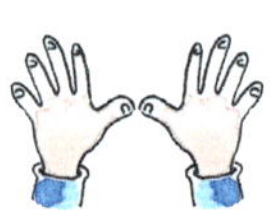

Partnerarbeit

Aufgaben zur Differenzierung mit einem höheren Anspruchsniveau

Lernstandskontrolle
im Diagnoseheft (ISBN 978-3-425-13218-1)

Inhaltsverzeichnis

Wiederholung und Vertiefung

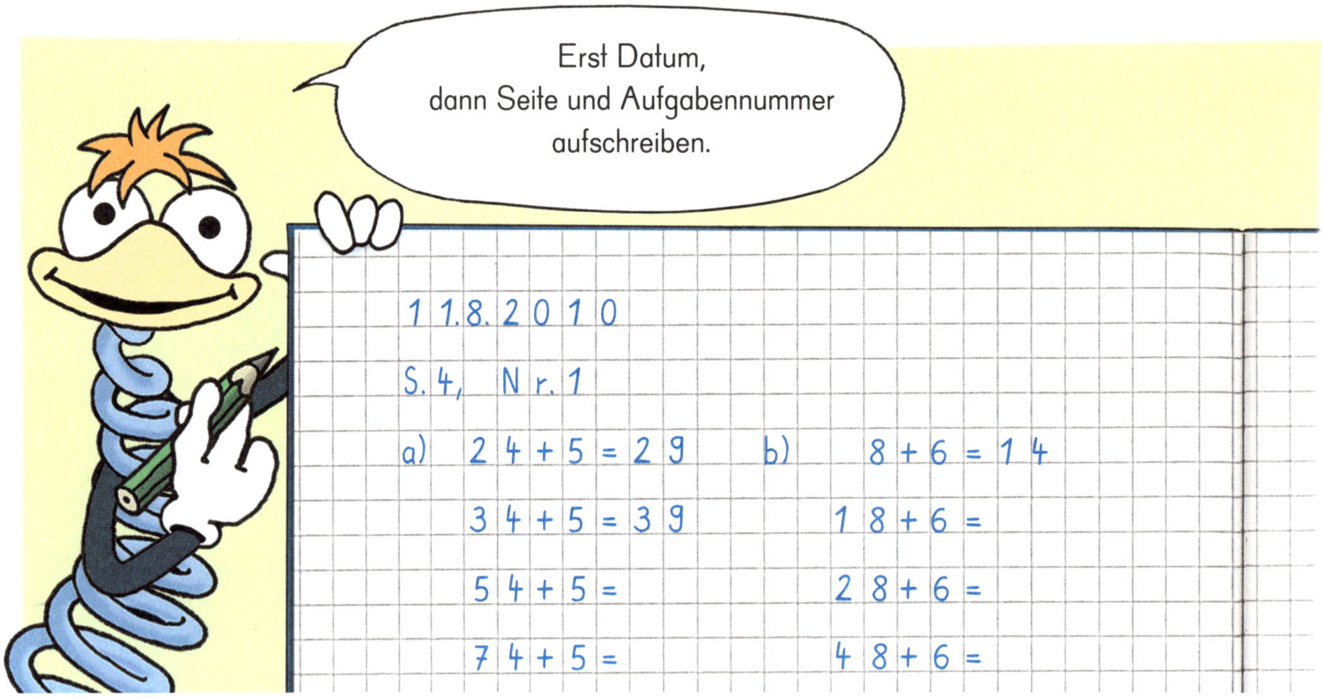

1 Schreibe die Aufgaben wie Flex in dein Heft.

a)	b)	c)	d)	e)
24 + 5	8 + 6	27 – 4	12 – 5	23 – 7
34 + 5	18 + 6	37 – 4	22 – 5	43 – 7
54 + 5	28 + 6	57 – 4	42 – 5	53 – 7
74 + 5	48 + 6	77 – 4	62 – 5	73 – 7

2 Schreibe in dein Heft. Schreibe immer drei passende Aufgaben dazu.

a)	b)	c)	d)	e)
7 + 8	28 + 6	14 – 9	62 – 7	83 + 9
17 + 8	38 + 6	24 – 9	52 – 7	73 + 9
27 + 8	48 + 6	34 – 9	42 – 7	63 + 9

3

a)	b)	c)	d)	e)
45 – 7	60 – 5	46 + 7	25 + 8	81 – 5
56 – 4	42 – 9	53 + 9	43 – 6	67 + 6
72 – 3	83 – 8	36 + 4	92 – 4	32 – 7

4 Hier fällt etwas auf.

a)	b)	c)	d)	e)	f)
24 + 9	36 + 7	67 + 5	79 + 3	54 + 8	45 + 6
29 + 4	37 + 6	65 + 7	73 + 9	58 + 4	46 + 5

5 Schreibe selbst fünf Aufgabenpaare wie in Aufgabe 4 auf.

6

a)	b)	c)
27 + 8 + 3	94 – 4 – 9	43 – 6 + 7
8 + 12 + 9	87 – 8 – 7	22 + 8 – 20
35 + 5 + 9	52 – 2 – 5	87 + 3 + 7
82 + 7 + 8	48 – 6 – 8	61 – 5 + 9

Wiederholung und Vertiefung

1 Berechne die Summe. Schreibe wie Flo.

a) 23 und 20 b) 34 und 30 c) 42 und 30 d) 20 und 71 e) 10 und 55

2 Wie heißt die Zahl?

a) Addiere 20 zu der Zahl. Die Summe ist 74.

b) Addiere zwei gleiche Zahlen. Die Summe ist 42.

c) Addiere 54 zu der Zahl. Die Summe ist 94.

3

a)	b)	c)	d)	e)
42 – 10	93 – 40	75 – 50	71 – 30	94 – 40
35 – 20	64 – 60	83 – 60	82 – 70	47 – 10
63 – 60	100 – 30	51 – 30	54 – 50	97 – 70

4

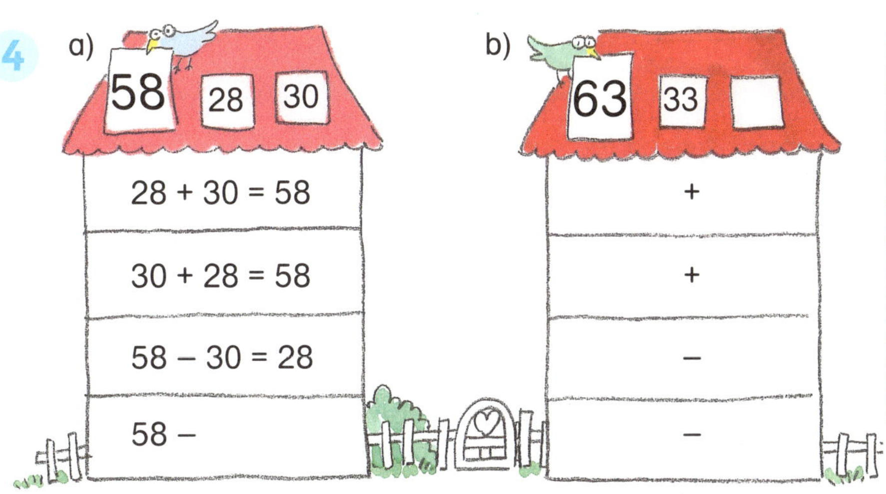

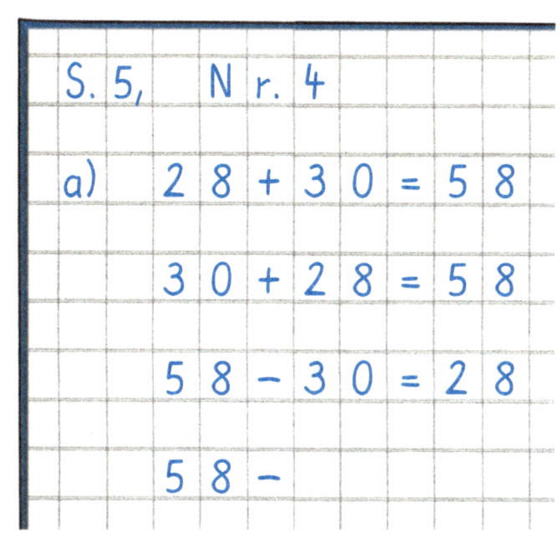

5

6

Wiederholung und Vertiefung

1	2	3	4	5	6	7	8	9	10
11	12	13	14	15	16	17	18	19	20
21	22	23	24	25	26	27	28	29	30
31	32	33	34	35	36	37	38	39	40
41	42	43	44	45	46	47	48	49	50
51	52	53	54	55	56	57	58	59	60
61	62	63	64	65	66	67	68	69	70
71	72	73	74	75	76	77	78	79	80
81	82	83	84	85	86	87	88	89	90
91	92	93	94	95	96	97	98	99	100

1 Rechne auf deinem Weg.

a)	b)	c)	d)	e)
48 + 22	57 + 33	36 + 44	65 + 25	27 + 43
48 + 24	57 + 35	36 + 46	65 + 27	27 + 46
48 + 26	57 + 37	36 + 48	65 + 29	27 + 49

2

a)	b)	c)	d)	e)
26 + 28	53 + 29	41 + 59	49 + 25	42 + 38
17 + 19	41 + 39	33 + 26	37 + 37	53 + 17
42 + 18	24 + 24	59 + 17	48 + 28	65 + 25
37 + 54	33 + 29	27 + 58	46 + 46	28 + 32

3 Schreibe immer drei passende Aufgaben dazu.

a)	b)	c)	d)	e)
16 + 24	25 + 75	24 + 26	37 + 43	82 + 16
16 + 34	35 + 65	24 + 27	38 + 43	82 + 18
16 + 44	45 + 55	24 + 28	39 + 43	82 + 20

4 Ergänze. Schreibe die Aufgaben in dein Heft.

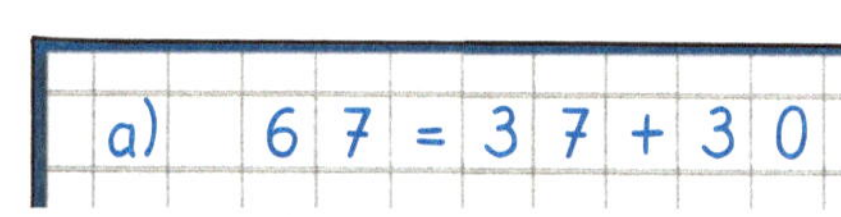

a)

b)

5 Finde immer sechs Aufgaben und schreibe sie in dein Heft.

a)

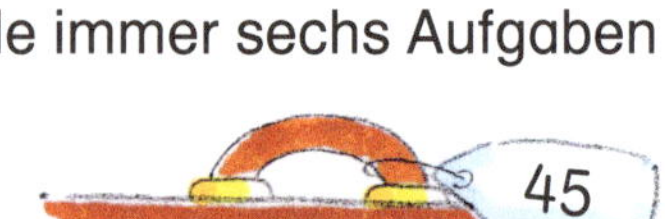

b)

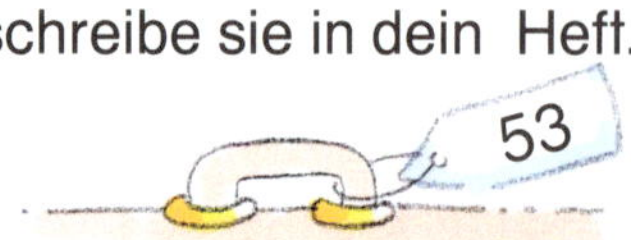

c)

Wiederholung und Vertiefung

1	2	3	4	5	6	7	8	9	10
11	12	13	14	15	16	17	18	19	20
21	22	23	24	25	26	27	28	29	30
31	32	33	34	35	36	37	38	39	40
41	42	43	44	45	46	47	48	49	50
51	52	53	54	55	56	57	58	59	60
61	62	63	64	65	66	67	68	69	70
71	72	73	74	75	76	77	78	79	80
81	82	83	84	85	86	87	88	89	90
91	92	93	94	95	96	97	98	99	100

1 Rechne auf deinem Weg.

a)	b)	c)	d)	e)
74 – 14	47 – 27	65 – 45	53 – 33	82 – 42
74 – 15	47 – 28	65 – 47	53 – 35	82 – 44
74 – 16	47 – 29	65 – 49	53 – 37	82 – 46

2

a)	b)	c)	d)	e)
73 – 25	73 – 36	70 – 27	48 – 19	104 – 44
64 – 36	92 – 43	45 – 27	79 – 63	106 – 48
53 – 39	60 – 47	34 – 27	95 – 49	103 – 45
48 – 24	54 – 25	54 – 27	56 – 56	102 – 82

3 Schreibe immer drei passende Aufgaben dazu.

a)	b)	c)
34 – 13	98 – 77	89 – 32
44 – 13	88 – 67	88 – 32
54 – ___	78 – ___	87 – ___

4 Welche Zahl musst du einsetzen?

a)	b)	c)
23 + ___ = 69	92 – ___ = 43	100 – ___ = 65
27 + ___ = 54	53 – ___ = 17	103 – ___ = 65
54 + ___ = 93	48 – ___ = 19	104 – ___ = 68

5 Übertrage die Rechenmauern in dein Heft. Fülle sie aus.

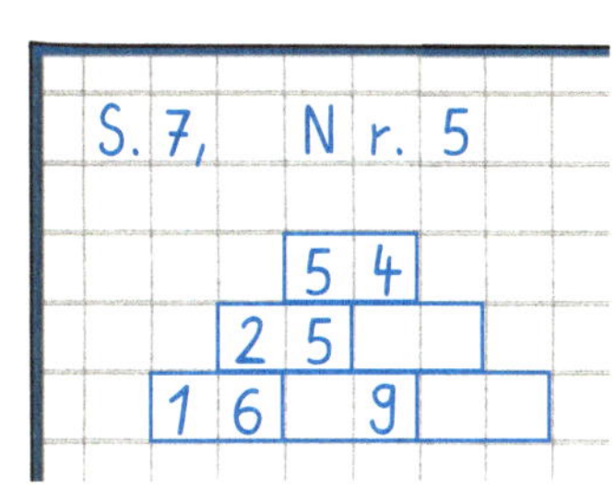

Wiederholung und Vertiefung

1 Schreibe zu den drei Ziffernkarten immer eine Plusaufgabe und eine Minusaufgabe wie Flex auf.

a) 9 1 3   b) 6 4 7   c) 5 2 6

2 Wähle selbst drei verschiedene Ziffernkarten und schreibe die Plusaufgabe und die Minusaufgabe auf.

3 Schreibe auch zu diesen vier Ziffernkarten immer eine Plusaufgabe und eine Minusaufgabe auf.

a) 3 6 5 1   b) 6 2 4 1   c) 4 5 3 6

a) 3 6 + 1 5 =
3 6 − 1 5 =

4 Wähle selbst vier verschiedene Ziffernkarten und schreibe eine Plusaufgabe und eine Minusaufgabe wie in Aufgabe 3 auf.

☐☐ + ☐☐ = ___   ☐☐ − ☐☐ = ___

5 Welche vier verschiedenen Ziffernkarten können es sein, damit die Aufgabe stimmt?

a) ☐☐ + ☐☐ = 70   b) ☐☐ + ☐☐ = 100   c) ☐☐ + ☐☐ = 150

6 Wähle immer vier verschiedene Ziffernkarten aus und lege zwei zweistellige Zahlen.

a) Der Unterschied soll möglichst klein sein.

☐☐ ☐☐

Unterschied: ___

b) Der Unterschied soll möglichst groß sein.

☐☐ ☐☐

Unterschied: ___

7 Flo hat zweistellige Zahlen gelegt und den Unterschied ausgerechnet. Welche vier Ziffernkarten kann er benutzt haben?

a) Unterschied 24   b) Unterschied 39   c) Unterschied 58   d) Unterschied 63

Wiederholung und Vertiefung

1	2	3	4	5	6	7	8	9	10
11	12	13	14	15	16	17	18	19	20
21	22	23	24	25	26	27	28	29	30
31	32	33	34	35	36	37	38	39	40
41	42	43	44	45	46	47	48	49	50
51	52	53	54	55	56	57	58	59	60
61	62	63	64	63	66	67	68	69	70
71	72	73	74	75	76	77	78	79	80
81	82	83	84	85	86	87	88	89	90
91	92	93	94	95	96	97	98	99	100

1 Addiere wie Flo immer zwei nebeneinander stehende Zahlen.
Sieh dir die Summen an. Was fällt dir auf?

a) | 1 | 2 | | 2 | 3 | | 3 | 4 | | 4 | 5 | | 5 | 6 |

b) | 12 | 13 | | 13 | 14 | | 14 | 15 | | 15 | 16 | | 16 | 17 |

2 Finde zwei nebeneinander stehende Zahlen, die zusammen
a) 39, b) 45, c) 71, d) 103, e) 199 ergeben.

3 Addiere immer zwei untereinander stehende Zahlen.
Was fällt dir hier auf?

a) 11/21, 12/22, 13/23, 14/24, 15/25

b) 31/41, 32/42, 33/43, 34/44, 35/45

4 Finde zwei untereinander stehende Zahlen, deren Summe
a) 28, b) 58, c) 100, d) 96, e) 180 ist.
Versuche es für andere Summen. Findest du für jede Summe die passenden Felder?

5 Flex hat Felder mit vier Zahlen ausgewählt und addiert immer zwei Zahlen „über Kreuz".

a) 7 8 / 17 18 — 7 + 18 = 25; 17 + 8 = ___

b) 12 13 / 22 23

c) 45 46 / 55 56

d) 59 60 / 69 70

Was fällt dir auf?

6 a) Wähle selbst Felder mit vier Zahlen und addiere wie Flex.
b) Verschiebe die Felder um ein Feld nach unten. Wie verändert sich das Ergebnis?

Hunderterzahlen bis 1000

1 Schreibe in dein Heft.

a) 100

a) 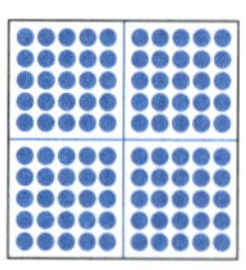

b) 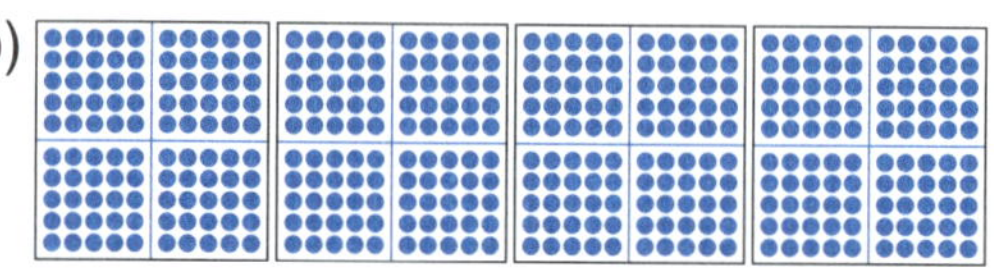

c) 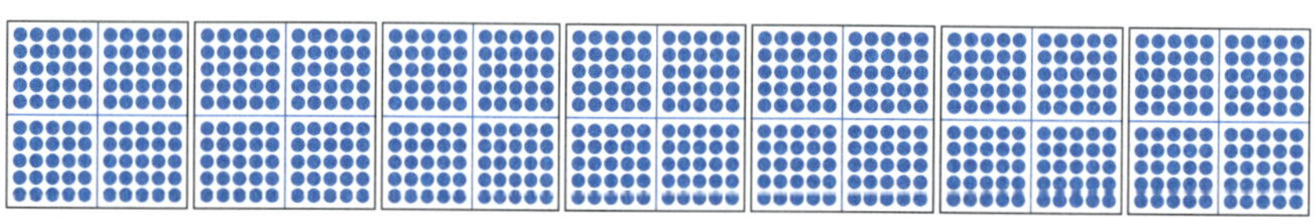

d) 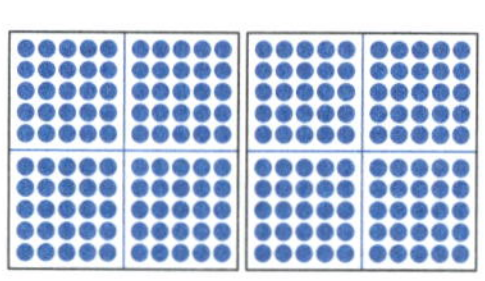

e) 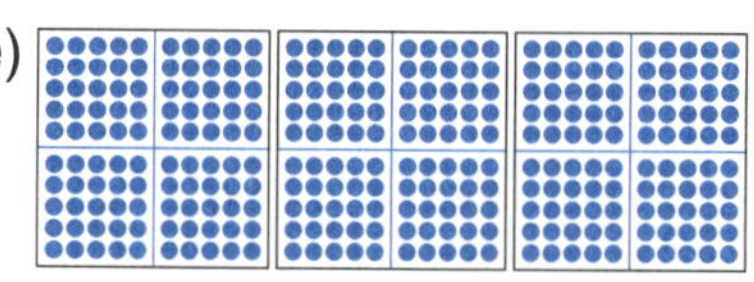

f) 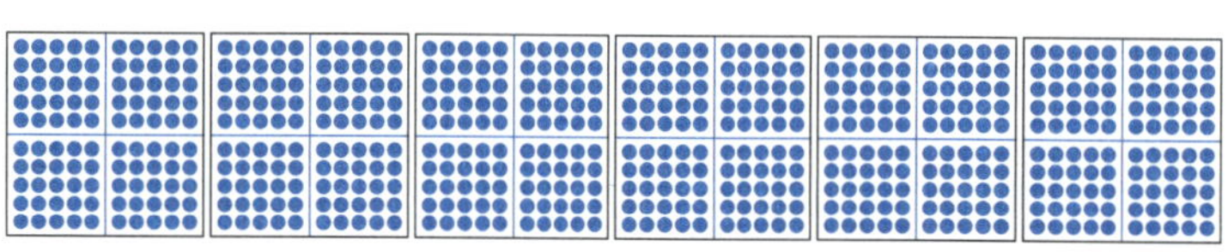

g) 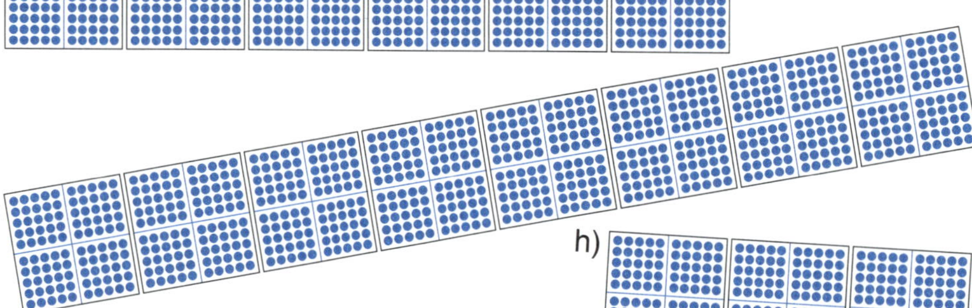

h) 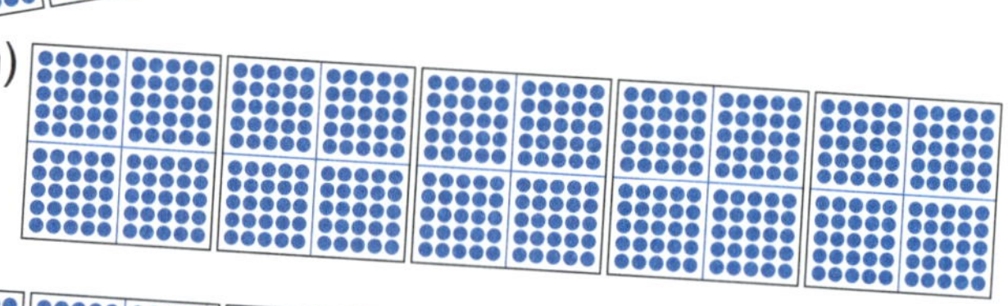

i) 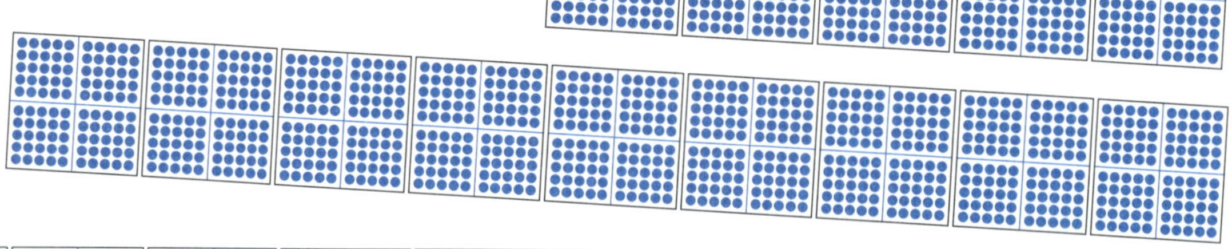

j) 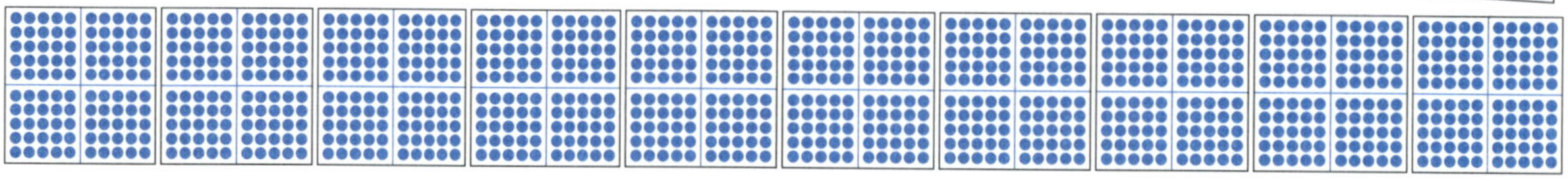

100 einhundert
200 zweihundert
300 dreihundert
400 vierhundert
500 fünfhundert
600 sechshundert
700 siebenhundert
800 achthundert
900 neunhundert
1000 eintausend

Rechnen mit Hunderterzahlen

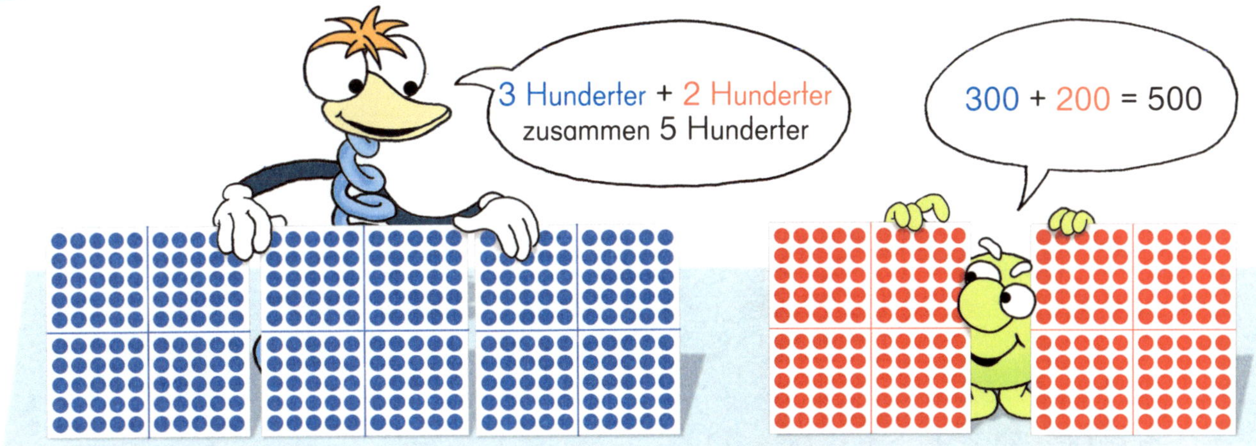

1 Rechne aus.

a) 100 + 100
200 + 200
300 + 300
400 + 400

b) 100 + 300
400 + 500
200 + 300
300 + 500

c) 400 + 200
500 + 300
600 + 200
700 + 100

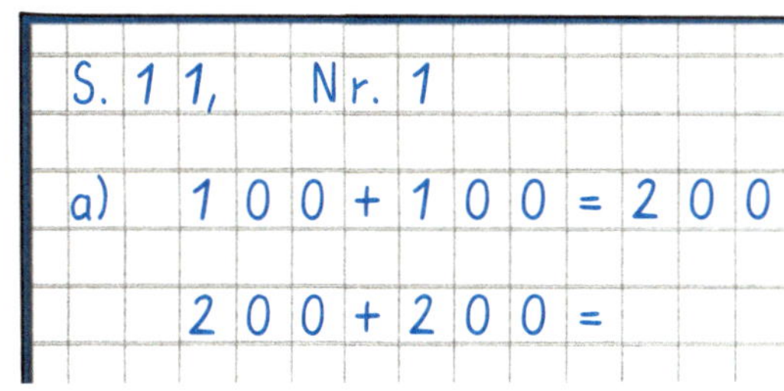

2

a) 1000 – 100
1000 – 300
1000 – 500
1000 – 700

b) 800 – 300
600 – 200
400 – 100
500 – 200

c) 900 – 400
600 – 500
500 – 400
300 – 100

d) 600 – 300
500 – 300
400 – 300
300 – 300

3 Übertrage die Häuser in dein Heft.
Finde für jedes Haus drei weitere Zerlegungen.

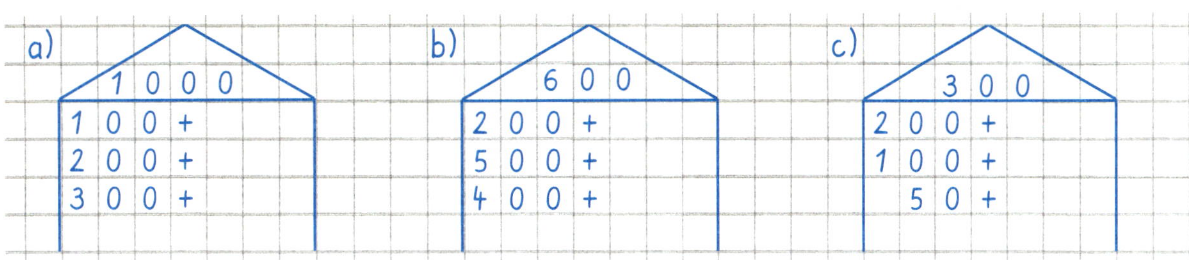

4 Von der Plusaufgabe zur Malaufgabe.

a) 100 + 100 + 100 = ___
3 · 100 = ___

b) 100 + 100 + 100 + 100 + 100 + 100 = ___
___ · 100 = ___

c) 100 + 100 + 100 + 100 = ___
___ · 100 = ___

d) 100 + 100 + 100 + 100 + 100 = ___
___ · 100 = ___

5 Immer 1000.

a) 1000 = 100 + 100 + 100 + ___ + ___ + ___ + ___ + ___ + ___ + ___
1000 = ___ · 100

b) 1000 = 200 + 200 + ___ + ___ + ___
1000 = ___ · 200

c) 1000 = 500 + ___
1000 = ___ · 500

Bündeln

1 Wie viele Murmeln sind es?

S. 12, Nr. 1

a)

T	H	Z	E
	2	4	5

2 H + 4 Z + 5 E = 245

a)

b)

c)

2 Wie viele Buntstifte sind es?

a)

b)

c)

Zahlen bis 1000

1 Welche Zahl ist es?

a)
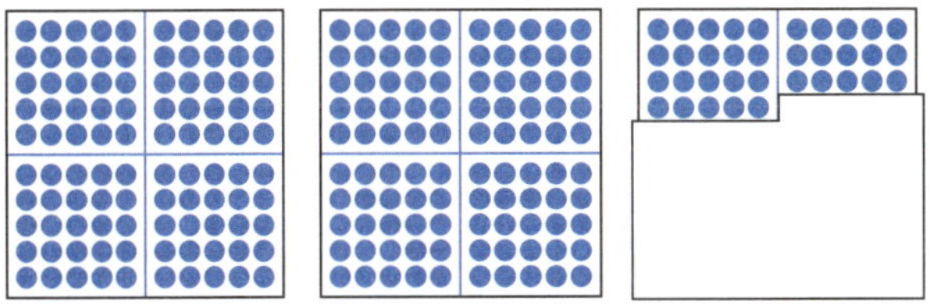

S. 13, Nr. 1

a)

T	H	Z	E
	2	3	5

2 H + 3 Z + 5 E = 235

b)
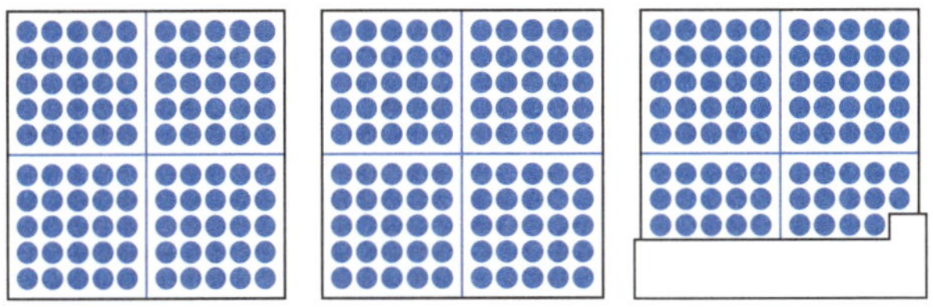

c)
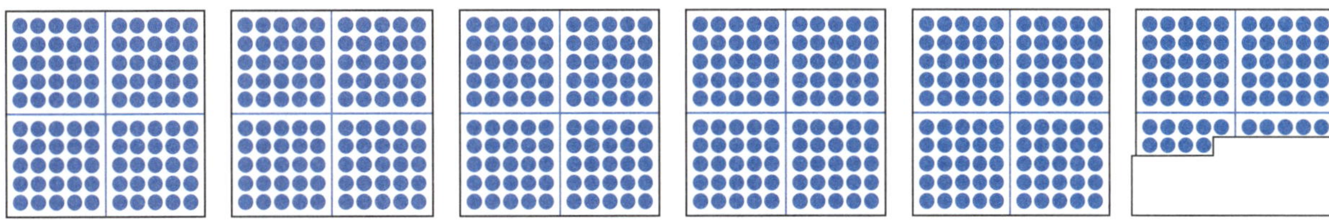

d)
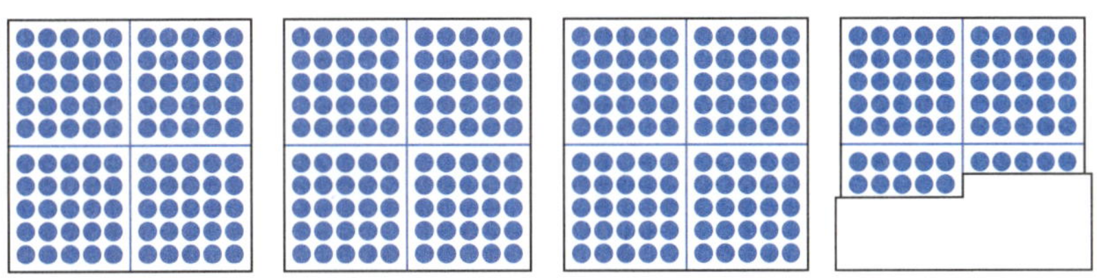

e)
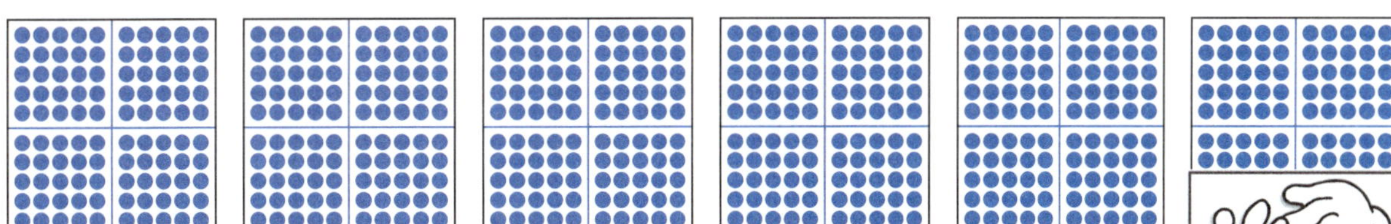

f)
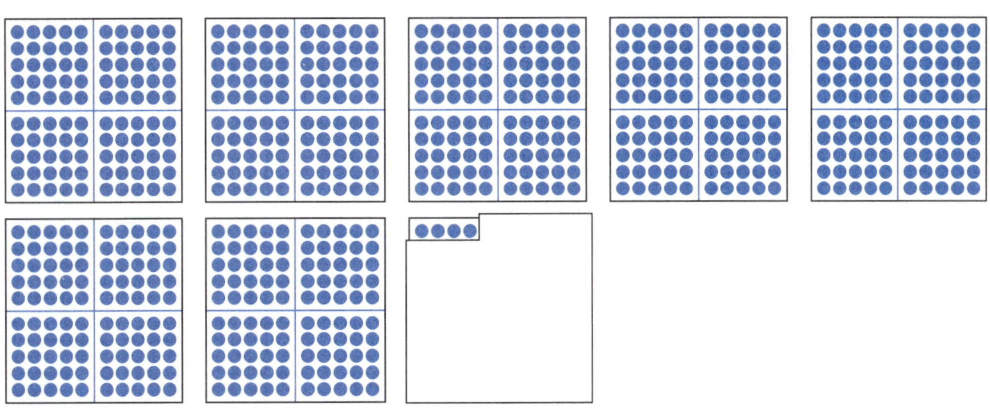

g)
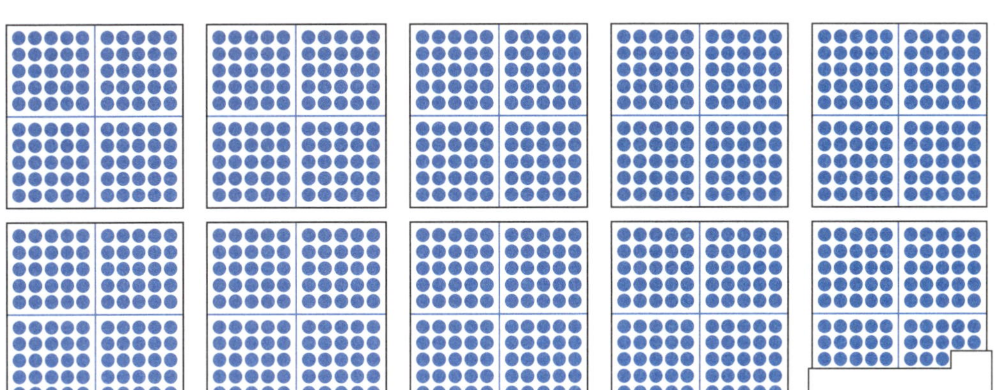

1 Selbst Zahlen legen. Der Partner prüft nach.

Zahlen bis 1000

1

Schreibe wie Flex in dein Heft.

a)

T	H	Z	E
	2	7	3

b)

T	H	Z	E
	6	5	7

c)

T	H	Z	E
	9	4	6

d)

T	H	Z	E
	8	4	2

e)

T	H	Z	E
	4	5	0

f)

T	H	Z	E
	8	0	3

2

a)

T	H	Z	E
	4	3	9

b)

T	H	Z	E
	7	1	9

c)

T	H	Z	E
	9	3	2

d)

T	H	Z	E
	4	0	8

e)

T	H	Z	E
	8	6	5

f)

T	H	Z	E
1	2	4	3

S. 14, Nr. 2

a) 4H + 3Z + 9E

400 + 30 + 9 = 439

3 Wie heißt die Zahl?

a) 8H + 4Z + 3E
5H + 9Z + 2E
4H + 8Z + 1E
7H + 1Z + 6E

b) 8H + 3E
2H + 6Z
7H + 9E
3H + 4Z

S. 14, Nr. 3

a) 800 + 40 + 3 = 843

500 + ___ + ___ = ___

4 Übertrage in eine Stellentafel.

a) 4H + 3Z + 2E
6H + 8Z + 5E
7H + 1Z + 4E
9H + 8Z + 6E

b) 5H + 1Z + 7E
7H + 8Z + 1E
1H + 2Z + 6E
3H + 5Z + 4E

c) 2H + 6Z
3H + 7E
2Z + 9E
1T

S. 14, Nr. 4

a)

T	H	Z	E
	4	3	2

5 Aufgepasst! Übertrage in eine Stellentafel.

a) 4H + 3E + 8Z
6H + 5E + 3Z
2Z + 3E + 7H

b) 6E + 4H + 2Z
5Z + 1E + 9H
8H + 4E + 3Z

c) 5E + 3H
8Z
9E + 6Z

d) 4Z + 8H
5E + 8H
2T + 4H

6

a) 2H + 13Z + 4E
1H + 24Z + 5E
6H + 3Z + 24E

b) 27H + 5E
2H + 43E
6H + 1Z + 13E

c) 1T + 2H + 1E
19H + 3Z + 4E
20H + 2Z + 8E

d) 10H + 10Z + 1E
10H + 10E
1T + 1Z

Zahlen bis 1000

1 Welche Zahl ist es?

a) 200 + 10 + 7
300 + 40 + 3
700 + 20 + 8
400 + 90 + 7

b) 800 + 30 + 2
900 + 50 + 6
500 + 60 + 9
600 + 80 + 1

c) 700 + 20 + 5
300 + 70 + 6
500 + 10 + 2
600 + 90 + 8

2

Nun umgekehrt. Zerlege die Zahlen wie Flo.

a)	b)	c)	d)
415	381	609	307
572	739	750	406
851	943	270	904
982	576	891	906
684	512	298	193

3 Ergänze die fehlenden Hunderter, Zehner oder Einer.

a) 238 = 200 + 30 + __
743 = 700 + 40 + __
529 = 500 + 20 + __
653 = 600 + 50 + __

b) 693 = 600 + __ + 3
936 = 900 + __ + 6
639 = 600 + __ + 9
396 = 300 + __ + 6

c) 731 = __ + 30 + 1
317 = __ + 10 + 7
258 = 200 + __ + 8
845 = __ + 40 + __

4 Wie heißt die Zahl?

a) Die Zahl hat sechs Hunderter, fünf Zehner und drei Einer.

b) Die Zahl hat drei Hunderter, doppelt so viele Zehner und einen Einer.

c) Die Zahl hat acht Hunderter und halb so viele Einer.

5 Schreibe als Zahl.

a) zweihundertfünfundsiebzig
fünfhundertsiebzehn
siebenhundertachtzig

b) achthundertzwölf
fünfhundertacht
vierhundertfünfzehn

c) achthundertsieben
sechshundertvierundfünfzig
eintausendzweihundert

6 Schreibe als Wort.

a) 347 b) 912 c) 920 d) 902 e) 859 f) 598 g) 1004

7 Welche dreistelligen Zahlen kannst du mit den Ziffernkarten legen?
Findest du alle Möglichkeiten?

a) 2 3 8 b) 4 9 5 c) 7 2 8

H	Z	E
2	3	8
2	8	3
3		

8 Welche geraden dreistelligen Zahlen kannst du mit den Ziffernkarten 4 5 2 legen?

Stellentafel

1 Welche Zahl ist es? Schreibe in dein Heft.

a)

H	Z	E
●●	●	●●●●●

b)

H	Z	E
●●●●	●●●●●●	●

c)

H	Z	E
●●●●●	●●●●●●●●●	●●●

2

a)

H	Z	E
●●●	●●●●●●●	●●●

b)

H	Z	E
●●●●	●●●●●●●●	●●

c)

H	Z	E
●●●	●●●	●●●●●

3

a)

H	Z	E
●●●●●●	●●●	●●●●●●●●●

b)

H	Z	E
●●	●●●●●●●	

c)

H	Z	E
●●●●●	●●●●●●●	●●

4

a)

H	Z	E
	●	●●●●●●●

b)

H	Z	E
●●●●	●●●●●●	

c)

H	Z	E
●●●●●●●●		●●

5

a)

H	Z	E
●	●	●●

b)

H	Z	E
●	●●	●

c)

H	Z	E
●●	●	●

d)

H	Z	E
●●●●		

e)

H	Z	E
	●●●●	

f)

H	Z	E
		●●●●

Stellentafel

H	Z	E

1 Legt mit Wendeplättchen: 123, 132, 213, 231, 312, 321.

2 Legt die Zahlen: 450, 613, 842, 503, 367, 701.

3 Welche Zahlen könnt ihr legen?
a) Legt zwei Plättchen. Wie viele Zahlen findet ihr?
b) Legt drei Plättchen. Es gibt 10 verschiedene Zahlen. Findet ihr alle?

4 a) Legt die Zahl. Legt ein Plättchen dazu.
Welche Zahlen könnt ihr erhalten?

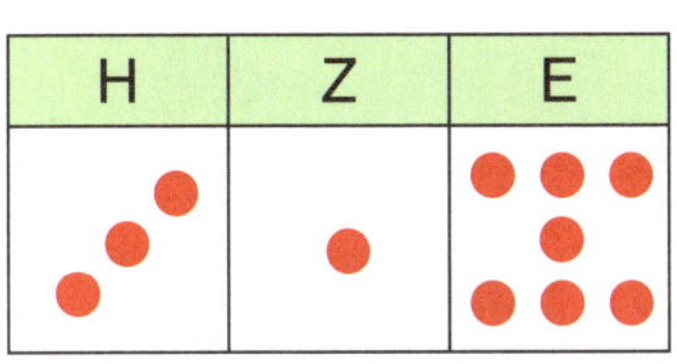

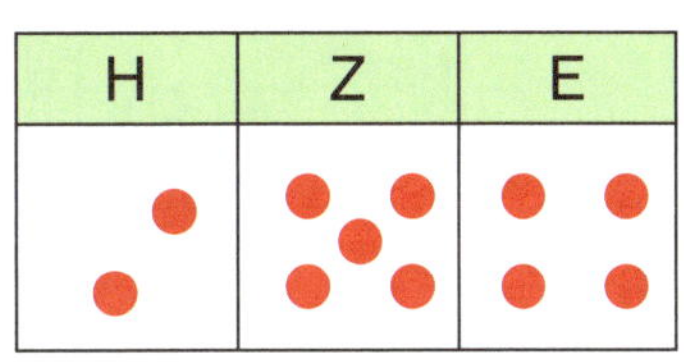

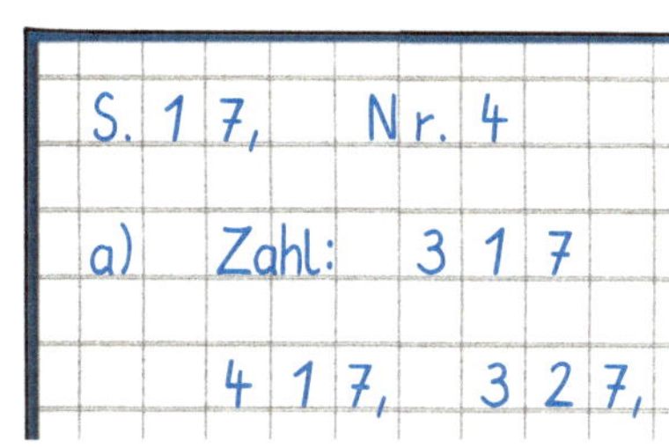

b) Legt zwei Plättchen zu der Zahl. Welche Zahlen könnt ihr jetzt erhalten?

5 a) Legt die Zahl 425. Legt zwei Plättchen dazu.
Wie können die neuen Zahlen heißen?
b) Legt die Zahl 672. Wie heißen die neuen Zahlen, wenn ihr zwei Plättchen wegnehmt?

6 a) Legt ein Plättchen um. Welche Zahlen können es sein?
b) Legt zwei Plättchen um. Schreibt mindestens vier Zahlen auf.

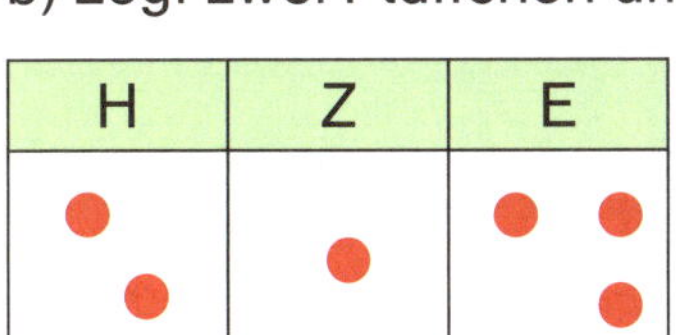

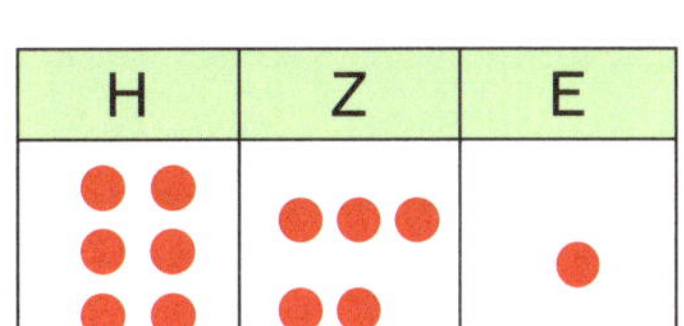

Hundertertafeln

1	2	3	4	5	6	7	8	9	10
11	12	13	14	15	16	17	18	19	20
21	22	23	24	25	26	27	28	29	30
31	32	33	34	35	36	37	38	☆	40
41	☾	43	44	45	46	47	48	49	50
51	52	53	54	🍀	56	57	58	59	60
61	62	63	64	65	66	67	68	🦋	70
71	○	73	74	75	76	77	78	79	80
81	82	83	♡	85	86	87	88	89	90
91	92	93	94	95	🍐	97	98	99	☕

101	102	103	104	105	106	107	108	109	110
111	112	113	114	115	116	117	118	119	120
121	122	123	124	125	126	127	128	129	130
131	132	133	134	135	136	137	138	☆	140
141	☾	143	144	145	146	147	148	149	150
151	152	153	154	🍀	156	157	158	159	160
161	162	163	164	165	166	167	168	🦋	170
171	○	173	174	175	176	177	178	179	180
181	182	183	♡	185	186	187	188	189	190
191	192	193	194	195	🍐	197	198	199	☕

1 Welche Zahlen liegen unter den Bildern?

☆ 39, 139
☾ 42,

2 a) Schreibe alle Zahlen auf, die unterhalb der 8 stehen.
b) Schreibe alle Zahlen auf, die unterhalb der 108 stehen.
c) Schreibe alle Zahlen auf, die rechts neben der 53 stehen.
d) Schreibe alle Zahlen auf, die rechts neben der 153 stehen.
e) Schreibe alle Zahlen auf, die über der 185 stehen.

3 Welche Zahlen sind es?
a) gelbe Felder b) rote Felder c) blaue Felder

a) 201, 211,

201	202	203	204	205	206	207	208	209	210
	212							219	
		223					228		
			234			237			
				245	246				
				255	256				
			264			267			
		273					278		
	282							289	
291									300

301									
311									
321									
331									
341	342	343	344	345	346	347	348	349	350
351									
361									
371									
381									
391									

401				405					
411				415					
421				425					
431				435					
441				445					
451				455					
461				465					
471				475					
481				485					
491				495					

4 

901									910
	912							919	
		923					928		
			934			937			
				945	946				
				955	956				
			964			967			
		973					978		
	982							989	
991									1000

Schreibe die Zahlen dieser Hundertertafel auf,
a) in denen mindestens eine 5 vorkommt;
b) in denen mindestens eine 8 vorkommt;
c) in denen mindestens zwei Neunen vorkommen;
d) in denen mindestens zwei Ziffern gleich sind.

Hundertertafeln

1 Schritte auf einer Hundertertafel.
Wo kommst du an?

a) Gehe von 527 immer 2 Schritte.

nach links ← nach rechts →
nach unten ↓ nach oben ↑

a) ← 5 2 5, → 5 2 9,

b) Gehe von 574 immer 2 Schritte: ←, →, ↓, ↑.
c) Gehe von 555 immer 3 Schritte: ←, →, ↓, ↑.

501									510
511									520
521						527			530
531									540
541				545					550
551			554	555	556				560
561				565					570
571			574						580
581									590
591									600

2

301	302	303	304	305	306	307	308	309	310
311	312	313	314	315	316	317	318	319	320
321	322	323	324	325	326	327	328	329	330
331	332	333	334	335	336	337	338	339	340
341	342	343	344	345	346	347	348	349	350
351	352	353	354	355	356	357	358	359	360
361	362	363	364	365	366	367	368	369	370
371	372	373	374	375	376	377	378	379	380
381	382	383	384	385	386	387	388	389	390
391	392	393	394	395	396	397	398	399	400

Löse und schreibe immer zwei passende Aufgaben dazu.

a) 306 + 4
316 + 4
326 + 4

b) 312 + 5
322 + 5
332 + 5

c) 343 + 7
353 + 7
363 + 7

d) 305 + 4
325 + 4
345 + 4

3

a) 235 + 4
258 + 2
241 + 3

b) 402 + 6
438 + 1
491 + 9

c) 176 + 3
276 + 3
376 + 3

d) 203 + 5
313 + 5
453 + 5

e) 199 + 1
899 + 1
999 + 1

4

601	602	603	604	605	606	607	608	609	610
611	612	613	614	615	616	617	618	619	620
621	622	623	624	625	626	627	628	629	630
631	632	633	634	635	636	637	638	639	640
641	642	643	644	645	646	647	648	649	650
651	652	653	654	655	656	657	658	659	660
661	662	663	664	665	666	667	668	669	670
671	672	673	674	675	676	677	678	679	680
681	682	683	684	685	686	687	688	689	690
691	692	693	694	695	696	697	698	699	700

Löse und schreibe immer zwei passende Aufgaben dazu.

a) 628 – 5
638 – 5
648 – 5

b) 640 – 8
650 – 8
660 – 8

c) 609 – 6
619 – 6
629 – 6

d) 694 – 3
674 – 3
654 – 3

5

a) 397 – 5
356 – 4
325 – 3

b) 206 – 5
257 – 3
300 – 8

c) 358 – 2
458 – 2
758 – 2

d) 435 – 3
285 – 3
915 – 3

e) 200 – 7
400 – 7
1000 – 7

Zahlenstrahl

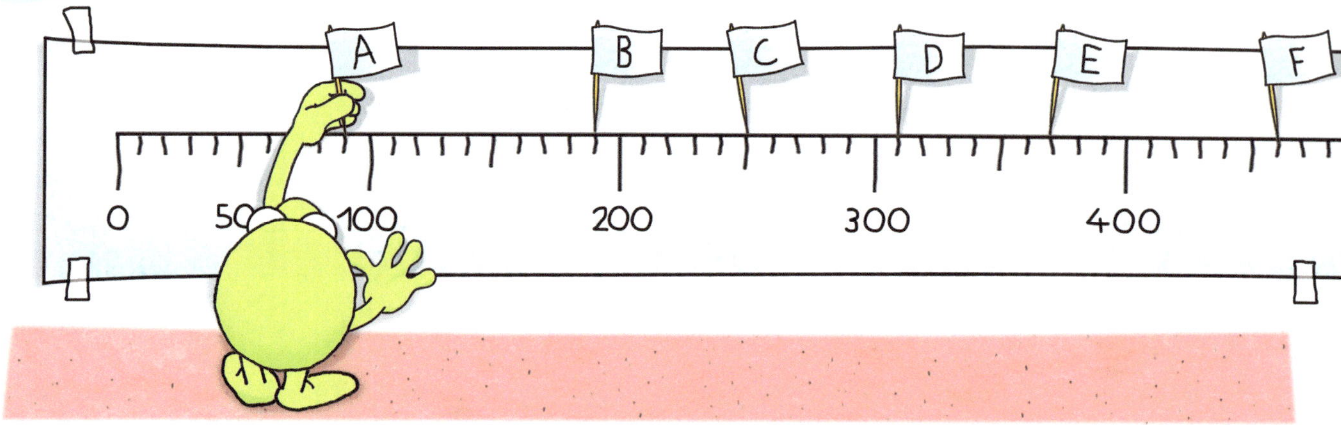

1 Bei welchen Zahlen stehen die Fähnchen von Flo?

2 Flex hat alle Zahlen von 100 bis 200 markiert. Wo stehen die Fähnchen?

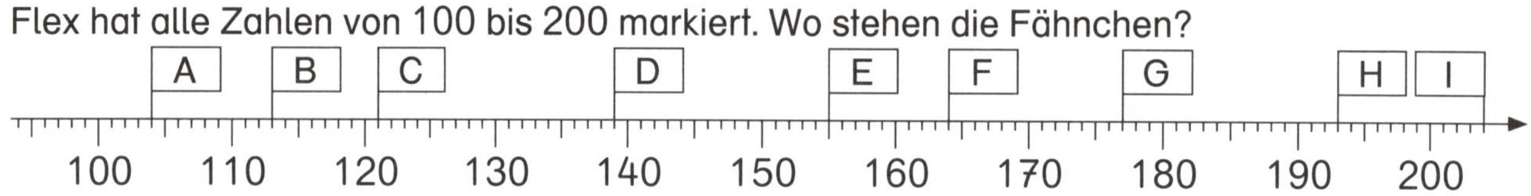

3

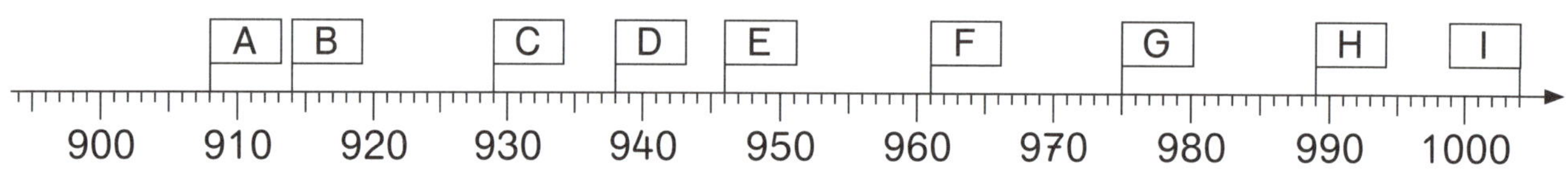

4

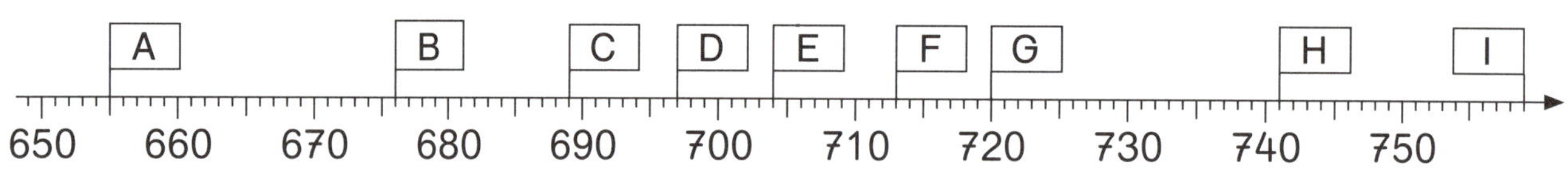

5 Welche Zahl ist genau in der Mitte?

a)

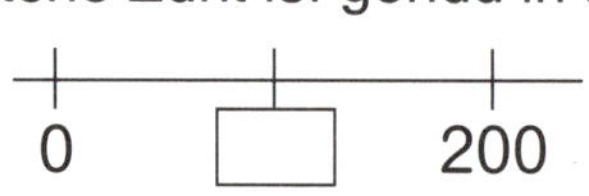

b)

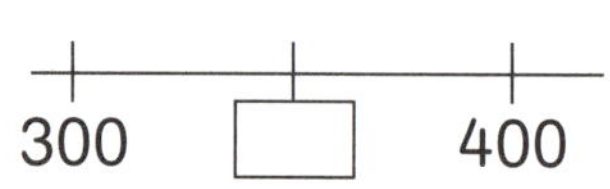

c)

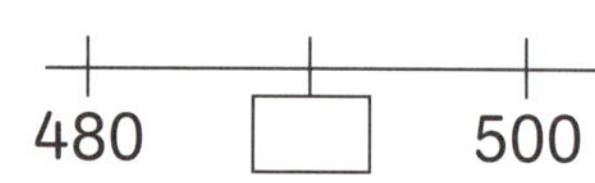

6 Welche Zahlen können es sein?

a)

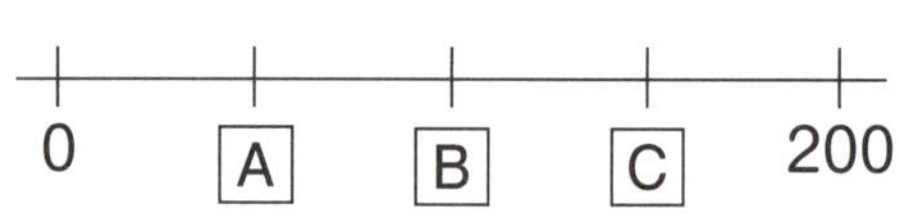

b)

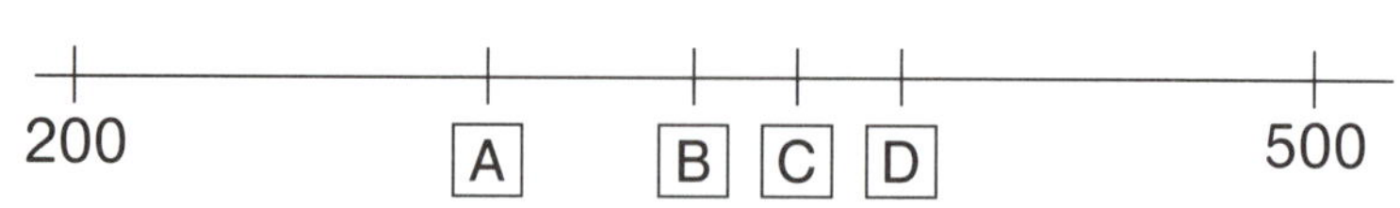

c)

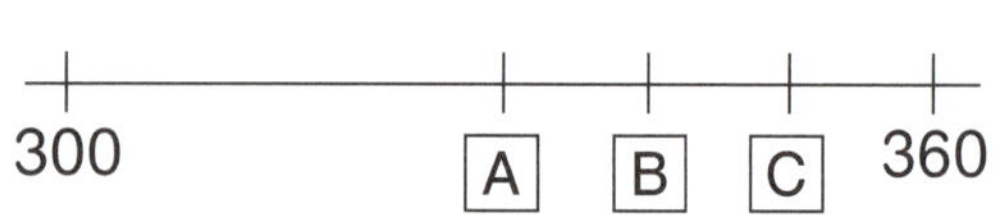

d)

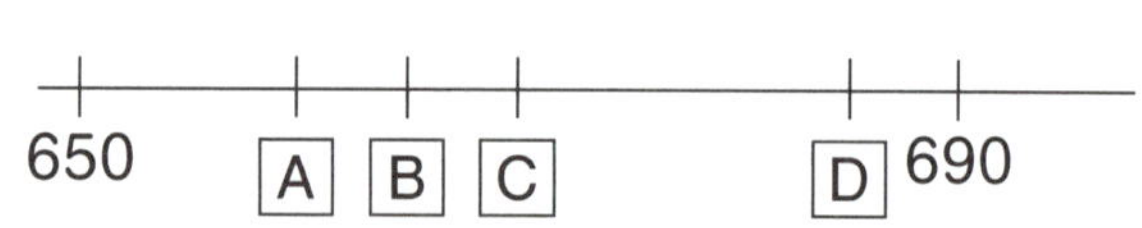

7 Zeichne einen Zahlenstrahl. Trage diese Zahlen ein:

a) 0, 120, 340, 480, 530, 610, 750, 880, 970, 1000.

b) 125, 427, 546, 621, 354, 294, 725, 848, 926, 999.

Zahlenstrahl

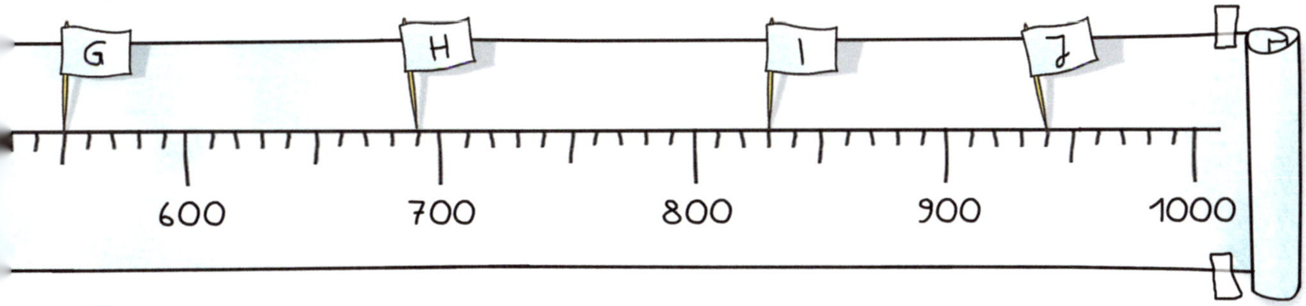

1 Suche die Zahlen am Zahlenstrahl und zähle weiter.

a) 0, 50, 100, 150, …, 500
650, 700, 750, …, 1000

b) 450, 400, 350, …, 0
1000, 950, 900, …, 550

2 Zähle in Zwanzigerschritten.

a) 140, 160, 180, …, 360
480, …, 680

b) 560, 540, 520, …, 380
270, …, 90

3 In welchen Schritten wird hier gezählt?
Finde die Regel und setze die Zahlenfolgen fort.
Schreibe auch die Regel auf.

a) 105, 115, 125, …, 155
b) 95, 100, 105, …, 125
c) 300, 290, 280, …, 230
d) 111, 122, 133, …, 188
e) 125, 150, 175, …, 275
f) 240, 220, 200, …, 60

4 Welche Zahlen sind es?
Schreibe immer den Vorgänger (V) und Nachfolger (N) dazu.

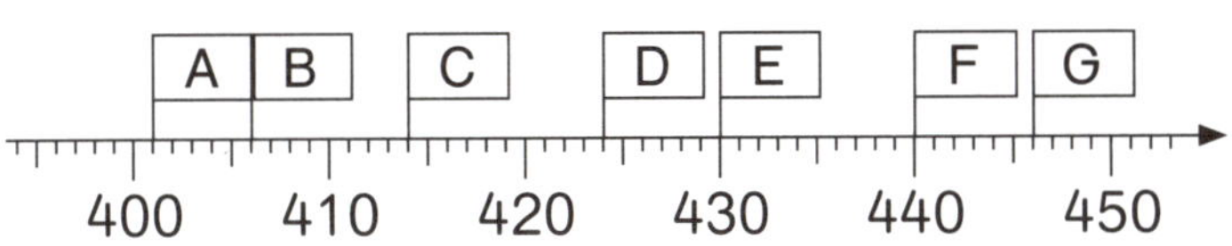

V	Zahl	N
400	401	402
	406	

5 Schreibe immer den Vorgänger (V) und Nachfolger (N) zu den Zahlen auf.

a) 342 546 723 825 998

b) 799 301 177 800 909

6 Wie heißt die Zahl? Aufgepasst! Manchmal gibt es mehrere Lösungen.

a) Der Nachfolger der Zahl ist 1000.

b) Die Zahl hat drei gleiche Ziffern. Sie liegt zwischen 700 und 800.

c) Die Zahl liegt zwischen 430 und 440. Sie hat zwei gleiche Ziffern.

Zahlenstrahl

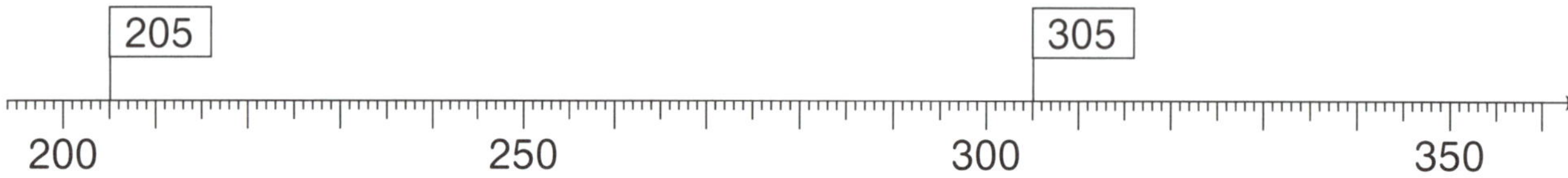

1 Kleiner, größer oder gleich? Setze ein: (<), (>), (=)

a) 205 ◯ 305
429 ◯ 449
327 ◯ 237
545 ◯ 554

b) 398 ◯ 402
617 ◯ 761
373 ◯ 737
554 ◯ 455

c) 699 ◯ 702
477 ◯ 469
325 ◯ 327
407 ◯ 648

d) 915 ◯ 951
348 ◯ 483
299 ◯ 922
579 ◯ 579

2 Ordne der Größe nach, beginne mit der kleinsten Zahl.

a) 235, 238, 240, 245, 241, 234, 237, 249, 250.
b) 605, 483, 638, 506, 749, 530, 312, 394, 606.
c) 456, 564, 645, 546, 504, 465, 406, 654, 605.

a) 234 < 235 <

3 Vergleiche die Zahlen. Verwende jede Zahl nur einmal.

a) >
270, 300, 340, 470, 420, 260, 150, 240

b) <
445, 540, 545, 505, 554, 504, 450, 405

c) >
287, 274, 742, 742, 748, 840, 784, 402

d) <
633, 360, 633, 306, 636, 603, 630, 903

4 Schreibe immer vier passende Zahlen auf.

a) 125 > __ b) 300 > __ c) 500 < __
d) 978 > __ e) 820 < __ f) 997 < __

a) 125 > 124
125 > 20

5 Welche Zahlen passen?

a) 80 < __ < 90 b) 100 > __ > 94
c) 225 < __ < 240 d) 302 > __ > 293
e) 555 > __ > 545 f) 729 < __ < 737

6 Setze ein: (<), (>), (=)

a) 6H 8Z 3E ◯ 683
7H 5Z 1E ◯ 715
2H 7Z 9E ◯ 923
7H 0Z 2E ◯ 694

b) 4E 5Z 1H ◯ 154
2H 4E 7Z ◯ 247
2H 5E ◯ 205
5H 6Z ◯ 650

c) 3Z 1E 8H ◯ 318
5H 1E 3Z ◯ 513
6E 1H 6Z ◯ 661
6E 1H 5Z ◯ 156

Zahlenstrahl – Nachbarhunderter

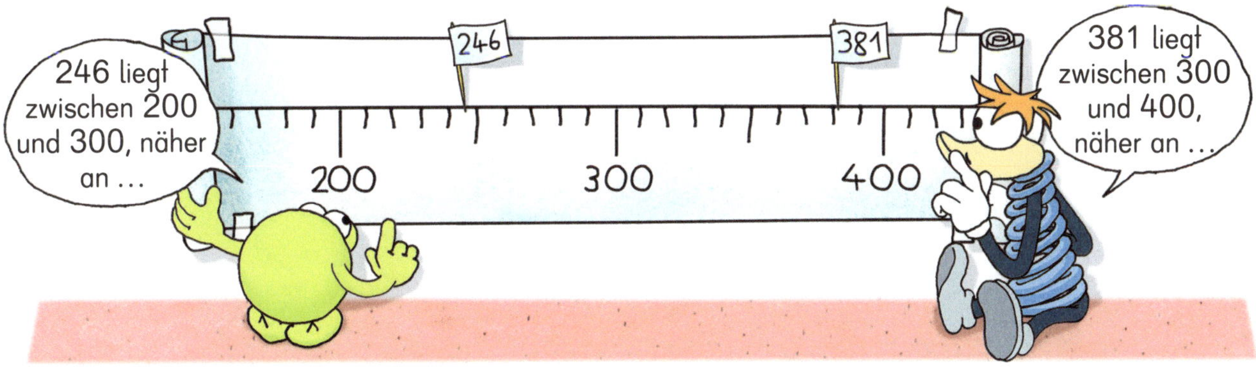

1 Welche Zahlen sind es?
Schreibe beide Nachbarhunderter (NH) auf.
Welcher liegt näher? Kreise ihn ein.

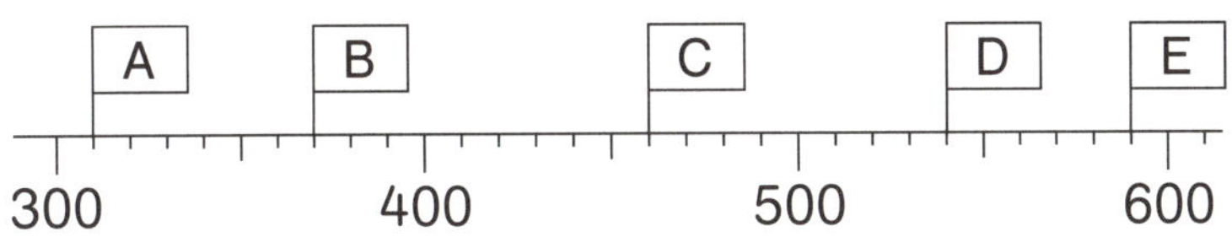

N H	Zahl	N H
(300)	310	400

2 Schreibe beide Nachbarhunderter (NH) auf. Welcher liegt näher? Kreise ihn ein.

a) 623 | 547 | 743 | 891 | 366

b) 362 | 751 | 649 | 905 | 999

3 Sprünge zu den Nachbarhundertern

a)
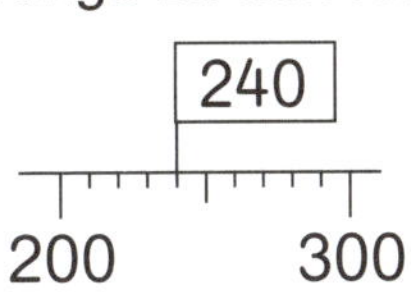

240 + ___ = 300
240 – ___ = 200

b)
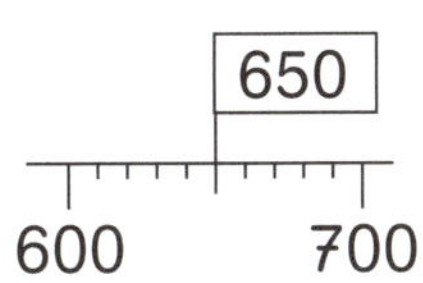

650 + ___ = 700
650 – ___ = ___

c)
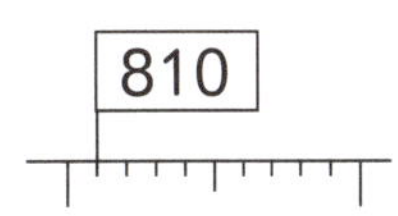

810 + ___ = ___
810 – ___ = ___

d)
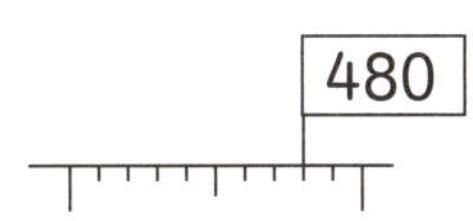

480 + ___ = ___
480 – ___ = ___

4 Vor und zurück zum nächsten Hunderter

a) 640 + ___ = 700
560 + ___ = 600
420 + ___ = 500

b) 350 – ___ = 300
770 – ___ = 700
510 – ___ = 500

c) 150 – ___ = ___
870 + ___ = ___
430 + ___ = ___

d) 950 + ___ = ___
890 – ___ = ___
280 – ___ = ___

5

a) 250 + 50
250 + 60

b) 360 + 40
360 + 50

c) 630 + 70
630 + 80

d) 480 + 20
480 + 40

e) 790 + 10
790 + 30

f) 570 + 30
570 + 60

6

a) ___ + 50 = 400
___ + 70 = 800
___ + 10 = 500

b) ___ – 30 = 500
___ – 40 = 400
___ – 50 = 300

c) ___ + 50 = 300
___ – 70 = 200
___ + 90 = 400

d) ___ + 30 = 700
___ – 60 = 800
___ – 80 = 1000

Zahlenstrahl – Nachbarzehner

1 Welche Zahlen sind es?
Schreibe beide Nachbarzehner (NZ) auf.
Welcher liegt näher? Kreise ihn ein.

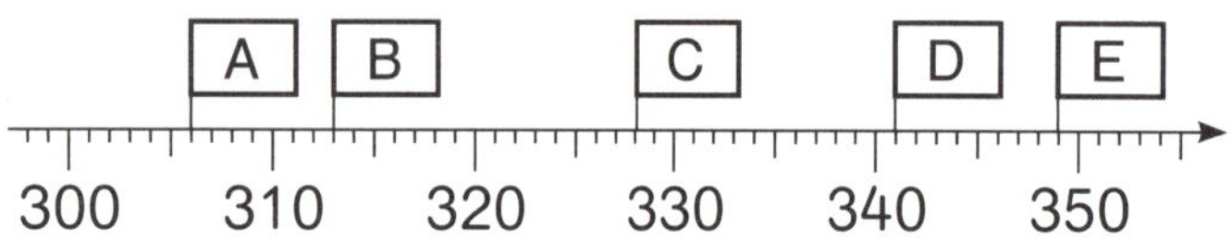

N Z	Zahl	N Z
300	306	(310)
	313	

2 Schreibe beide Nachbarzehner (NZ) auf. Welcher liegt näher? Kreise ihn ein.

164   208   722   217   893   546   753   341   629

3 Sprünge zu den Nachbarzehnern

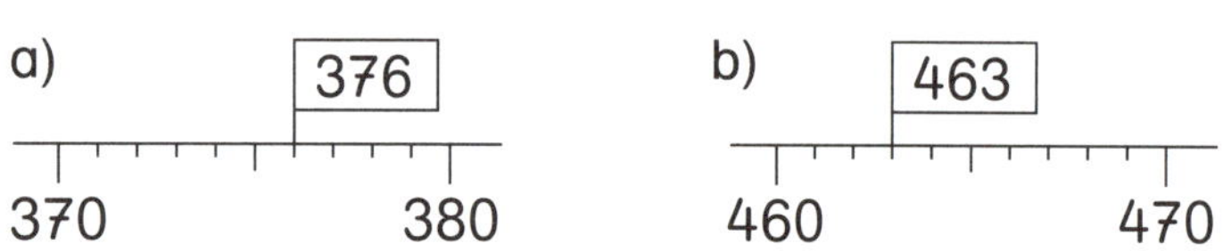

a)	376 + 4 = 380
	376 − 6 = 370

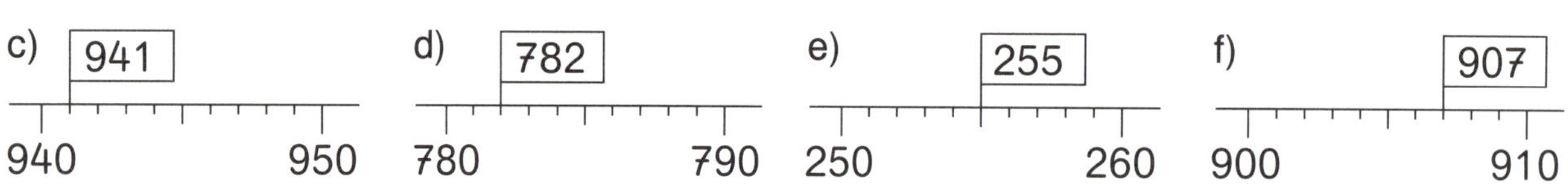

4 Finde die Nachbarzehner. Schreibe wie in Aufgabe 3.

a) 428   b) 501   c) 796   d) 544   e) 589   f) 999   g) 1002

5

a)	b)	c)	d)
534 + ___ = 540	134 − ___ = 130	324 + ___ = ___	562 + ___ = ___
168 + ___ = 170	591 − ___ = 590	685 − ___ = ___	189 + ___ = ___
424 + ___ = 430	141 − ___ = 140	774 + ___ = ___	567 − ___ = ___
263 + ___ = 270	399 − ___ = 390	851 − ___ = ___	743 + ___ = ___

Rechnen rund um die Zehner

1

Vorwärts über den Zehner

a) 124 + 6, 124 + 7, 124 + 8
b) 146 + 4, 146 + 5, 146 + 6
c) 237 + 3, 237 + 4, 237 + 5
d) 482 + 8, 482 + 9, 482 + 10
e) 635 + 5, 635 + 7, 635 + 9
f) 708 + 2, 708 + 4, 708 + 6

2 Schreibe immer drei ähnliche Aufgaben dazu.

a) 58 + 6, 158 + 6, 258 + 6
b) 63 + 9, 163 + 9, 363 + 9
c) 79 + 5, 379 + 5, 179 + 5
d) 36 + 7, 736 + 7, 336 + 7
e) 29 + 4, 429 + 4, 529 + 4

3

Über den Zehner

a) 144 – 4, 144 – 5, 144 – 6
b) 234 – 4, 234 – 5, 234 – 6
c) 651 – 1, 651 – 2, 651 – 3
d) 565 – 5, 565 – 6, 565 – 7
e) 172 – 2, 172 – 3, 172 – 4
f) 486 – 6, 486 – 7, 486 – 8

4 Vom Zehner zurück

a) 260 – 6, 190 – 4, 420 – 1
b) 580 – 5, 760 – 3, 950 – 2
c) 540 – 6, 180 – 5, 460 – 3
d) 890 – 4, 360 – 8, 610 – 7
e) 250 – 9, 530 – 7, 370 – 8

5 Über den Zehner

a) 224 – 8, 636 – 7, 475 – 6
b) 715 – 7, 382 – 9, 571 – 3
c) 354 – 9, 242 – 6, 264 – 7
d) 345 + 7, 578 + 5, 606 + 9
e) 887 + 8, 946 + 5, 709 + 6

6 Über den Hunderter

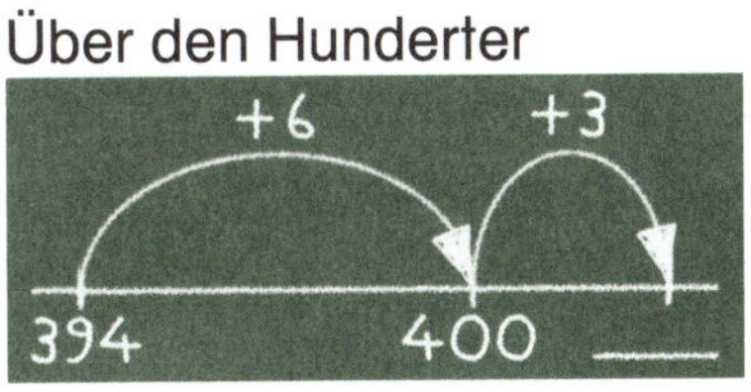

a) 394 + 6, 394 + 9
b) 397 + 3, 397 + 5
c) 492 + 8, 492 + 9
d) 695 + 5, 695 + 8
e) 298 + 2, 298 + 7
f) 496 + 4, 496 + 8
g) 898 + 2, 898 + 6
h) 993 + 7, 993 + 9

7

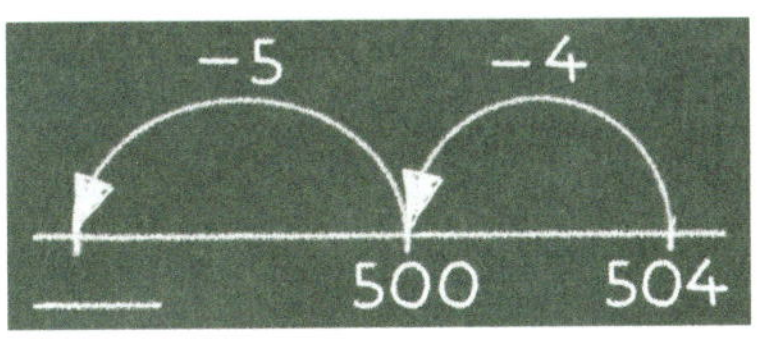

a) 504 – 4, 504 – 9
b) 402 – 2, 402 – 6
c) 307 – 7, 307 – 9
d) 203 – 3, 203 – 8
e) 701 – 1, 701 – 3
f) 605 – 5, 605 – 7
g) 906 – 6, 906 – 8
h) 804 – 4, 804 – 6

Zahlen bis 1000

1 Welche Zahl ist es?

a) 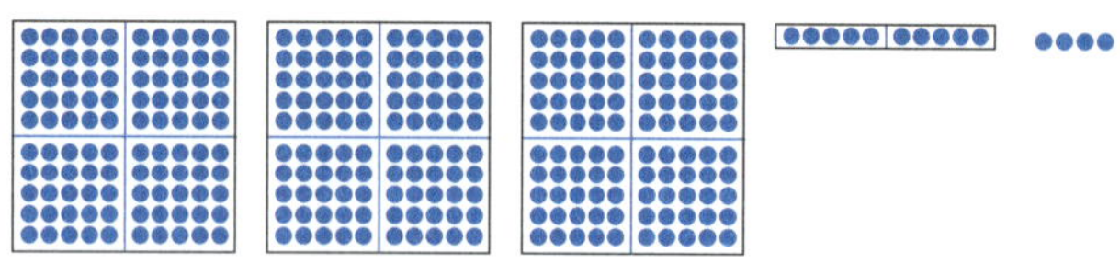

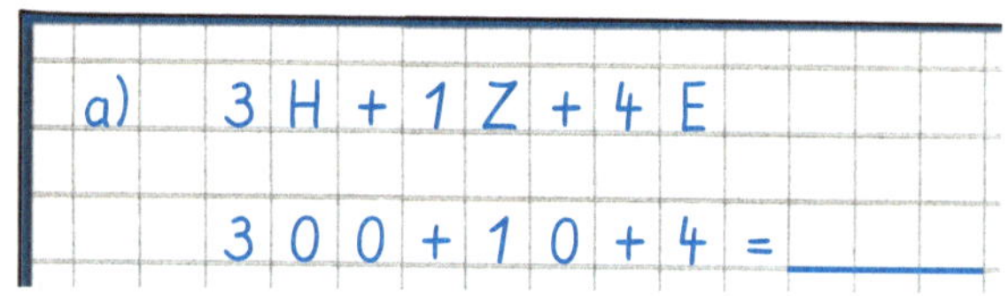

b) 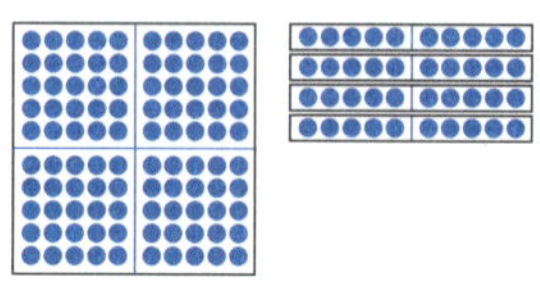

c) 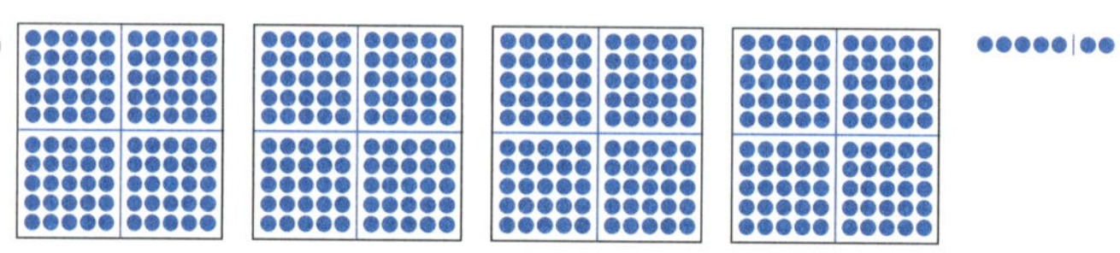

2 Lege die Zahlen. Dein Partner prüft nach.

462 351 708 970 256 179 514 840 603

3 Flo hat diese Zahlen aufgemalt. Welche Zahlen sind es?

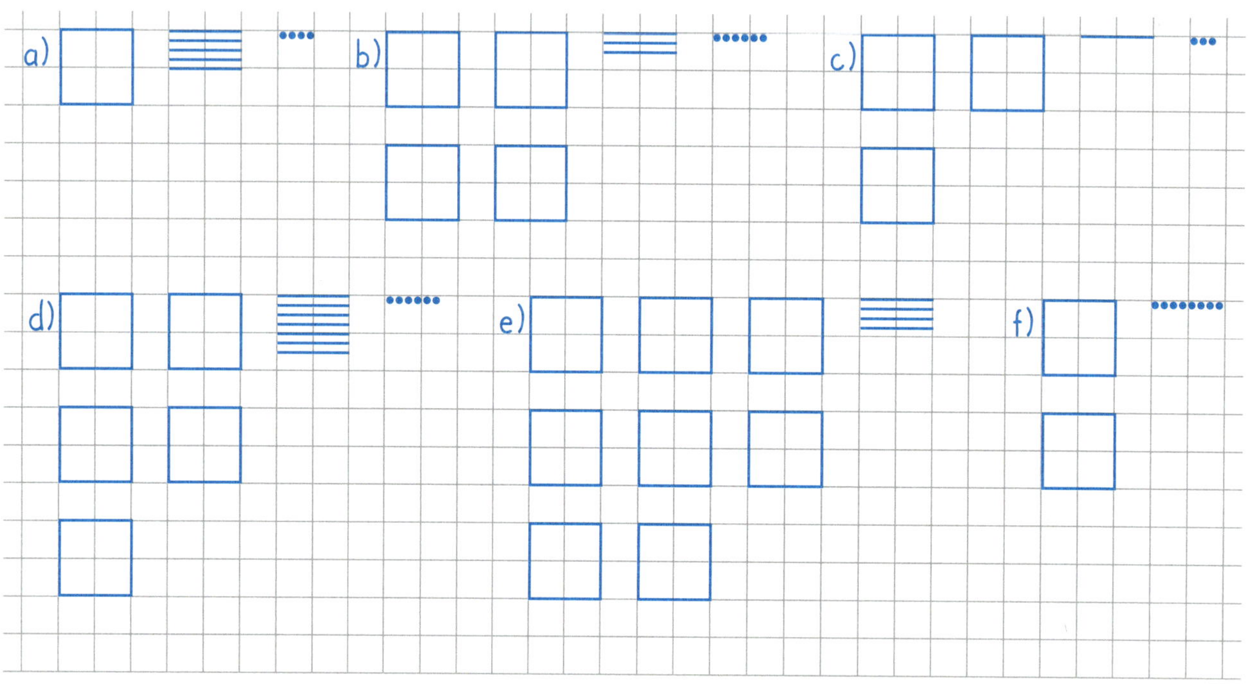

4 Zeichne wie Flo.

a)	b)	c)	d)	e)
372	426	408	561	340
327	256	838	905	403

2 Abwechselnd weitere Zahlen legen. Der Partner prüft nach.

Rechnen bis 1000

1 Welche Aufgaben hat Flo gelegt? Zeichne und addiere wie Flex.

a) 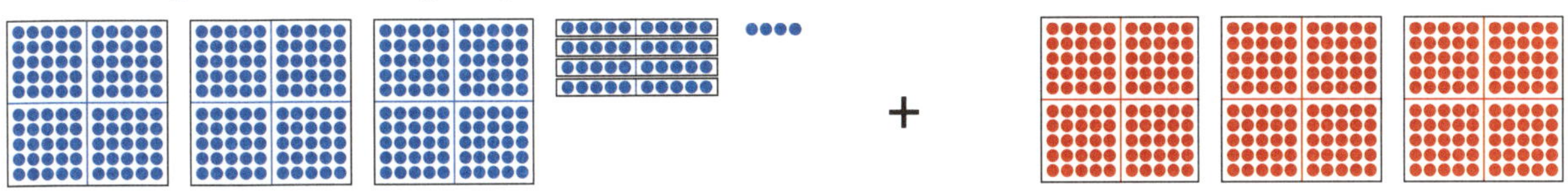

b) 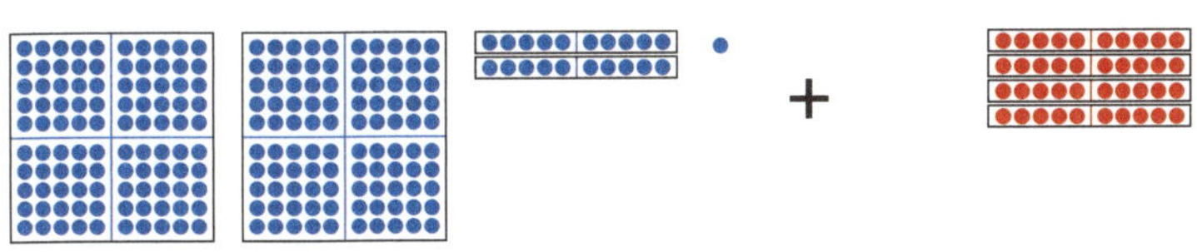

c) 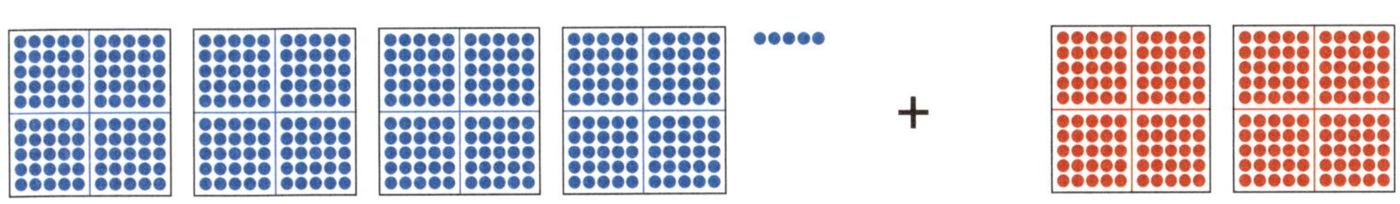

2 Lege wie Flo, dann zeichne und addiere wie Flex.

a) 235 + 300	b) 143 + 200	c) 324 + 400	d) 412 + 200	e) 206 + 300
235 + 30	143 + 20	324 + 40	412 + 20	206 + 30
235 + 3	143 + 2	324 + 4	412 + 2	206 + 3

3

a) 426 + 200	b) 128 + 20	c) 281 + 4	d) 532 + 40	e) 670 + 300
426 + 300	138 + 20	291 + 4	708 + 200	305 + 40
426 + 500	148 + 20	381 + 4	840 + 30	350 + 40
427 + 400	258 + 20	591 + 4	902 + 20	706 + 30

4

a) Wenn du zu der Zahl 3 Zehner addierst, erhältst du 472.

b) Wenn du zu der Zahl 4 Hunderter addierst, erhältst du 809.

c) Wenn du zu der Zahl 3 Einer und 5 Zehner addierst, erhältst du 463.

Rechnen bis 1000

1 Welche Aufgaben hat Flo gelegt? Zeichne und subtrahiere wie Flex.

a) 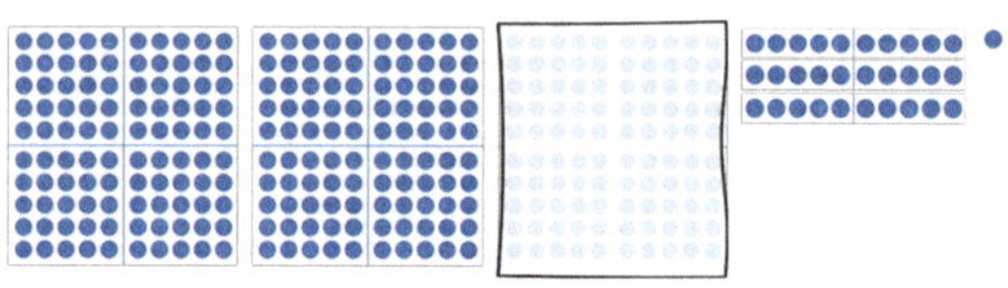

b) 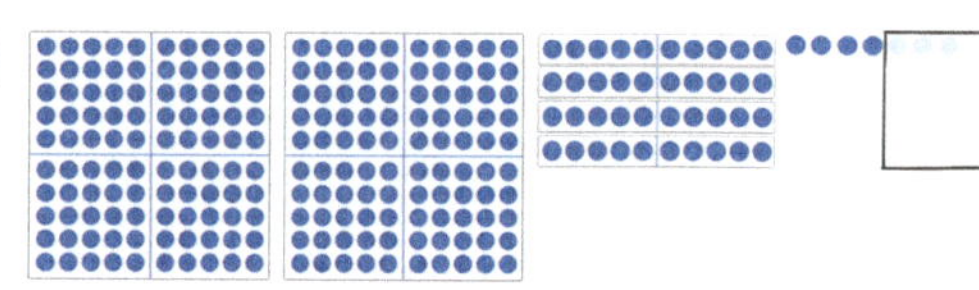

c) 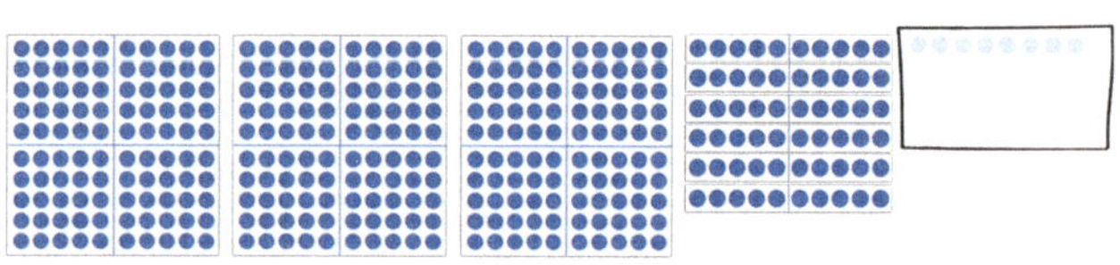

d) 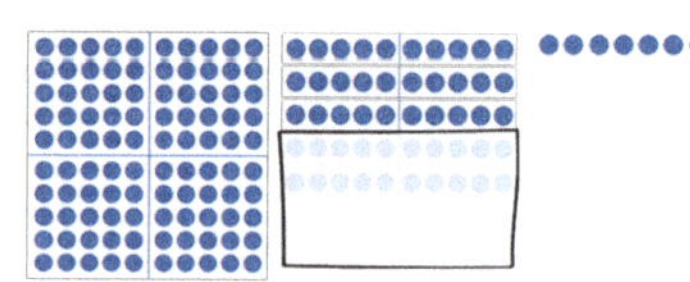

e) 

f) 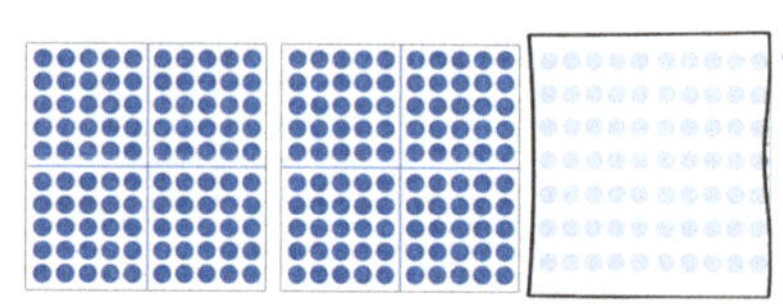

2 Lege wie Flo, dann zeichne und subtrahiere wie Flex.

a) 467 – 300	b) 987 – 600	c) 465 – 400	d) 534 – 200	e) 845 – 400
467 – 30	987 – 60	465 – 40	534 – 20	845 – 40
467 – 3	987 – 6	465 – 4	534 – 2	845 – 4

3

a) 682 – 200	b) 581 – 20	c) 457 – 5	d) 908 – 700	e) 583 – 70
682 – 300	681 – 20	467 – 5	640 – 30	476 – 6
682 – 400	561 – 20	458 – 5	378 – 5	735 – 30
782 – 500	682 – 20	469 – 5	870 – 200	389 – 300

4

a) Wenn du von der Zahl 4 Hunderter subtrahierst, erhältst du 309.

b) Wenn du von der Zahl 5 Zehner subtrahierst, erhältst du 925.

c) Wenn du von der Zahl 5 Einer und 8 Zehner subtrahierst, erhältst du 713.

Rechenmauern

1

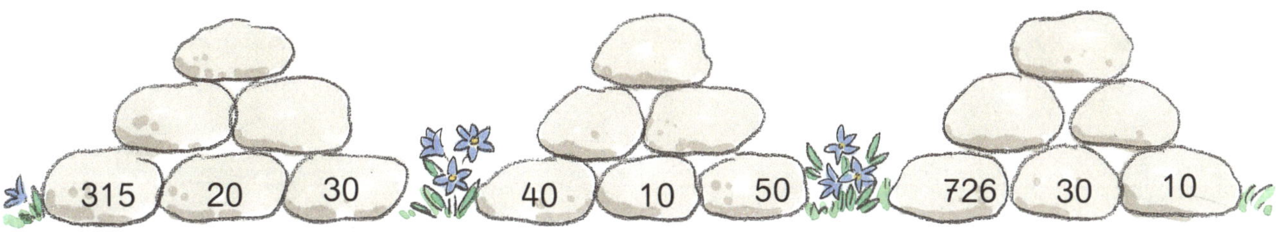

2

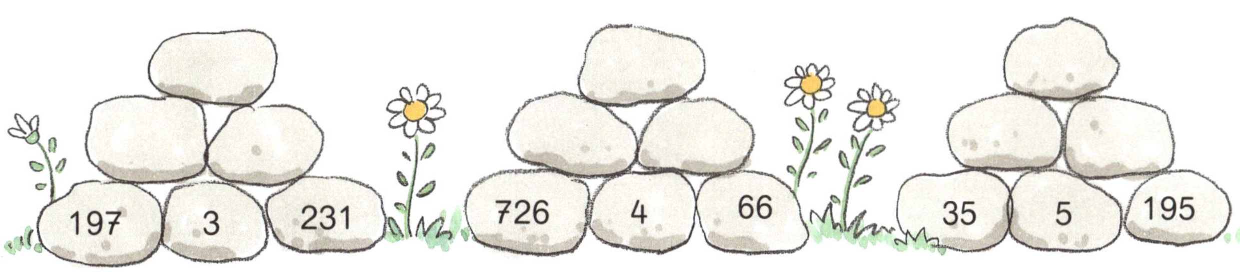

3

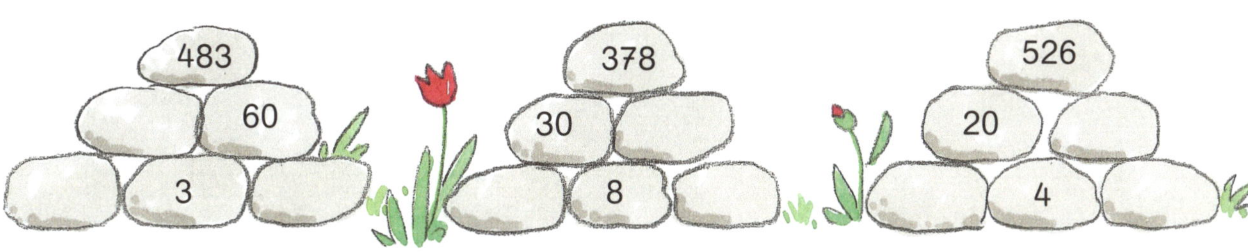

4

5

5 Selbst Rechenmauern bauen.

Das kann ich jetzt

1

a) 200 + 300
400 + 100
600 + 400

b) 100 + 800
500 + 200
300 + 400

c) 800 – 400
700 – 300
400 – 200

d) 1000 – 300
1000 – 900
1000 – 500

2 Wie heißen die Zahlen?

a)

T	H	Z	E
	1	2	3

b)

T	H	Z	E
	4	3	7

c)

T	H	Z	E
	3	9	1

d)

T	H	Z	E
	2	0	7

e)

T	H	Z	E
	4	6	0

f)

T	H	Z	E
	9	0	3

a) 1 H + 2 Z + 3 E
100 + 20 + 3 = 123

3 Wie heißen die Zahlen?

a) 5H + 7Z + 4E
2H + 8Z + 1E
3H + 5Z + 9E

b) 4H + 9Z + 3E
9H + 2Z + 8E
8H + 5Z + 7E

c) 6H + 4E
7H + 6Z
4H + 3E

a) 500 + 70 + 4 = 574

4

a) 500 + 90 + 5
800 + 40 + 7
600 + 20 + 3

b) 700 + 30
400 + 50
900 + 20

c) 800 + 2
300 + 5
100 + 7

d) 400 + 9
200 + 2
800 + 4

e) 300 + 50
500 + 3
500 + 5

5 Zerlege die Zahlen.

a) 215
319

b) 564
609

c) 893
779

d) 470
904

e) 397
547

a) 215 = 200 + 10 + 5

6 Wo stehen die Fähnchen?

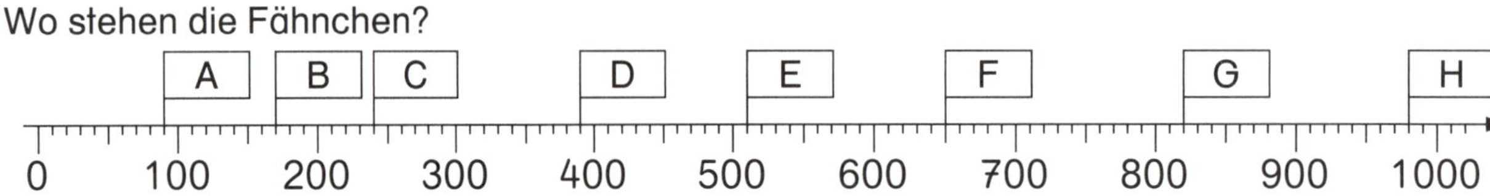

7

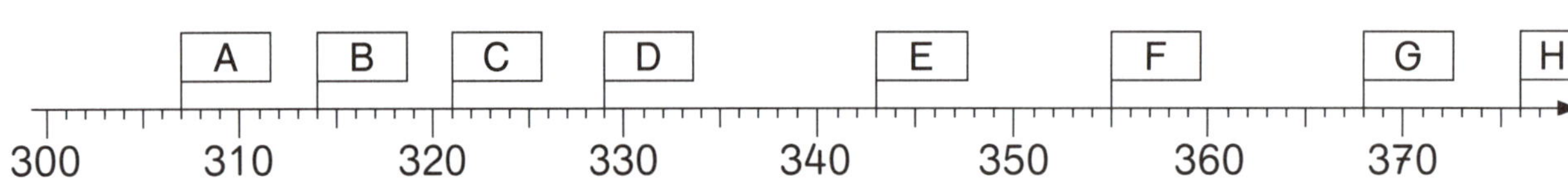

8 Schreibe immer den Vorgänger (V) und Nachfolger (N) zu den Zahlen auf.

207 199 300 410 899 901

V	Zahl	N
	207	

9 Setze ein: ⃝<, ⃝>, ⃝=

a) 642 ◯ 624
723 ◯ 732

b) 327 ◯ 723
199 ◯ 901

c) 208 ◯ 199
355 ◯ 298

d) 401 ◯ 599
612 ◯ 612

e) 342 ◯ 343
707 ◯ 711

Das kann ich jetzt

1 Schreibe beide Nachbarhunderter (NH) auf.
Welcher liegt näher? Kreise ihn ein.

348 289 543 592
619 754 192 177

N H	Zahl	N H
300 (eingekreist)	348	400

2

a) 160 + ___ = 200	b) 270 + ___ = 300	c) 440 – ___ = 400	d) 850 – ___ = 800
340 + ___ = 400	730 + ___ = ___	790 – ___ = 700	920 – ___ = ___

3 Schreibe beide Nachbarzehner (NZ) auf.
Welcher liegt näher? Kreise ihn ein.

346 283 501 694
718 912 829 457

N Z	Zahl	N Z
340	346	350 (eingekreist)

4 Vor und zurück zum nächsten Zehner

a) 247	b) 609	c) 497	d) 855	e) 714	f) 992
533	302	689	188	296	909

a) 247 + 3 =
247 – 7 =

5 Über den Zehner

a) 84 + 5	b) 57 + 6	c) 68 + 7	d) 326 + 8	e) 459 + 3
184 + 5	257 + 6	368 + 7	464 + 9	828 + 7
284 + 5	557 + 6	768 + 7	408 + 7	819 + 8

6

a) 175 – 5	b) 534 – 4	c) 723 – 3	d) 274 – 5	e) 274 – 7
175 – 6	534 – 6	723 – 5	486 – 7	346 – 9
175 – 7	534 – 8	723 – 7	935 – 6	715 – 8

7

a) 396 + 4	b) 493 + 7	c) 603 – 3	d) 802 – 2	e) 904 – 4
396 + 7	493 + 9	603 – 6	802 – 4	904 – 9

8

a) 325 + 400	b) 203 + 500	c) 271 + 500	d) 624 + 50	e) 840 + 5
325 + 40	203 + 50	634 + 200	140 + 10	271 + 6
325 + 4	203 + 5	418 + 400	272 + 20	903 + 4

9

a) 587 – 400	b) 654 – 200	c) 253 – 100	d) 235 – 20	e) 247 – 5
587 – 40	654 – 20	475 – 300	940 – 30	966 – 4
587 – 4	654 – 2	684 – 400	792 – 80	809 – 7

Addieren bis 1000

1 Schreibe immer drei ähnliche Aufgaben dazu.

a)	b)	c)	d)	e)
47 + 26	56 + 29	18 + 54	35 + 47	28 + 43
147 + 26	156 + 29	418 + 54	135 + 47	228 + 43
247 + 26	256 + 29	218 + 54	335 + 47	528 + 43

2 Schreibe die Schritte wie Flex in dein Heft.

a)	b)	c)
328 + 28	748 + 36	912 + 69
564 + 28	425 + 45	142 + 29
345 + 29	849 + 37	535 + 38
629 + 65	619 + 73	226 + 55

a) 328 + 28 = 356
328 + 20 = 348
348 + 8 = 356

3 Welche Aufgaben sind es? Schreibe auch die Schritte wie in Aufgabe 2 auf.

a)
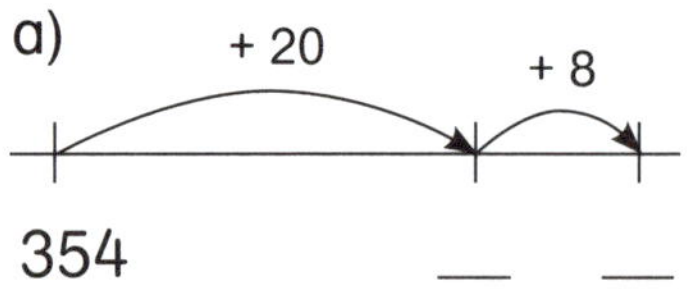

b)
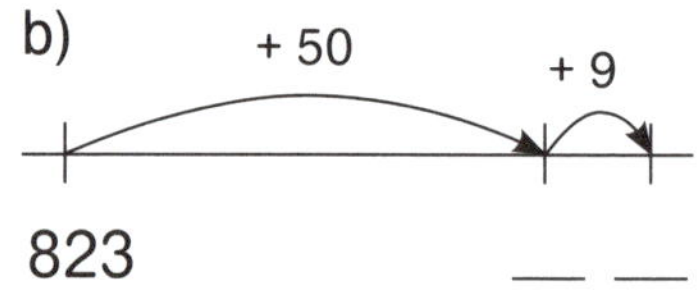

c)
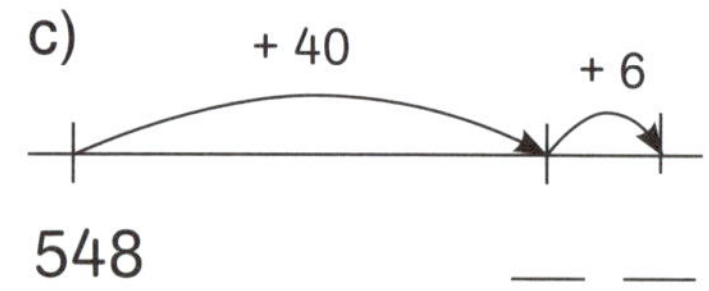

d)
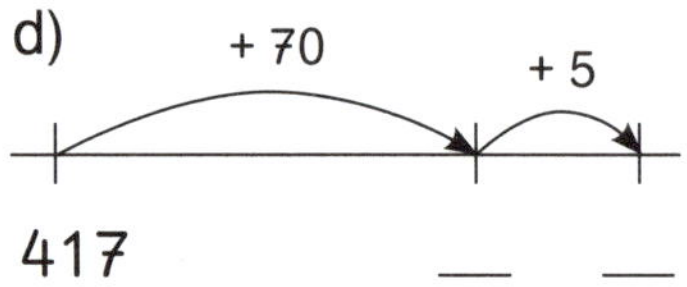

e)
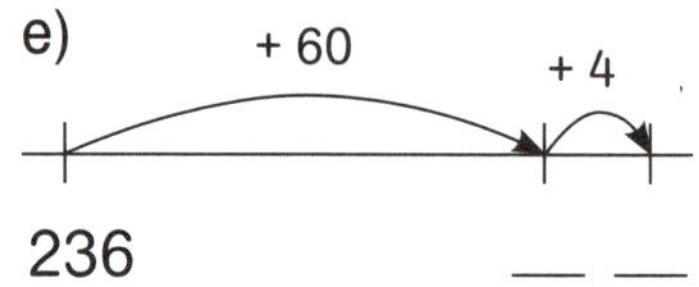

f)
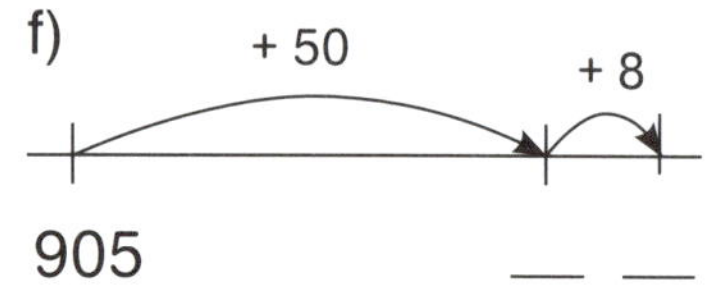

4 Schreibe immer mindestens drei passende Aufgaben dazu.

a)	b)	c)	d)	e)
456 + 25	413 + 57	327 + 41	528 + 16	708 + 34
456 + 26	414 + 57	327 + 43	528 + 26	718 + 34
456 + 27	415 + 57	327 + 45	528 + 36	728 + 34

5 Hier fällt etwas auf.

a)	b)	c)	d)	e)
239 + 41	321 + 59	708 + 32	449 + 16	529 + 47
240 + 40	320 + 60	710 + 30	450 + 15	530 + 46

6 Wie heißt die passende Aufgabe?

a)	b)	c)	d)	e)
429 + 51	641 + 29	508 + 62	859 + 26	939 + 58
430 + 50	___	___	___	___

Subtrahieren bis 1000

483 – 47 = ___

1 Schreibe immer drei passende Aufgaben dazu.

a)	b)	c)	d)	e)
53 – 26	61 – 24	72 – 48	94 – 56	86 – 39
153 – 26	161 – 24	272 – 48	194 – 56	186 – 39
253 – 26	261 – 24	472 – 48	394 – 56	686 – 39

2 Schreibe die Schritte wie Flex in dein Heft.

a)	b)	c)
685 – 47	922 – 13	583 – 45
483 – 65	764 – 26	395 – 78
589 – 58	951 – 32	596 – 86
367 – 39	673 – 25	287 – 69

a) 685 – 47 = 638
685 – 40 = 645
645 – 7 = 638

3 Welche Aufgaben sind es? Schreibe auch die Schritte wie in Aufgabe 2 auf.

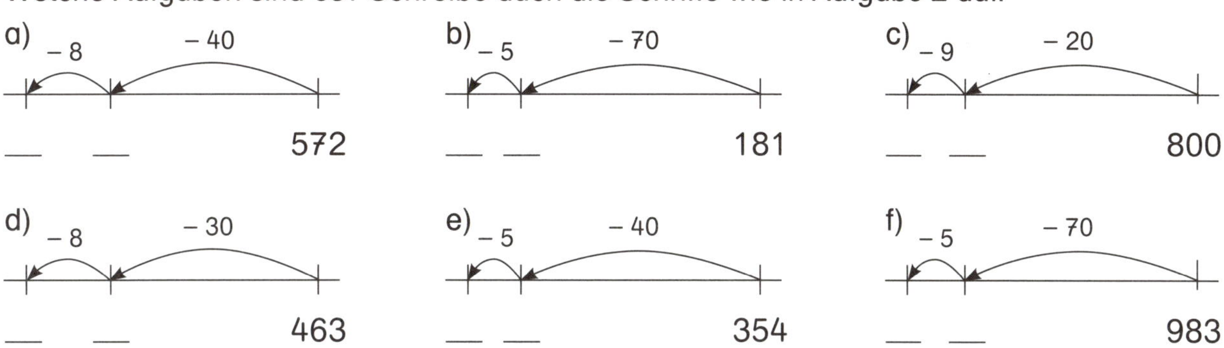

4 Welche Aufgaben hat Flex hier gerechnet?

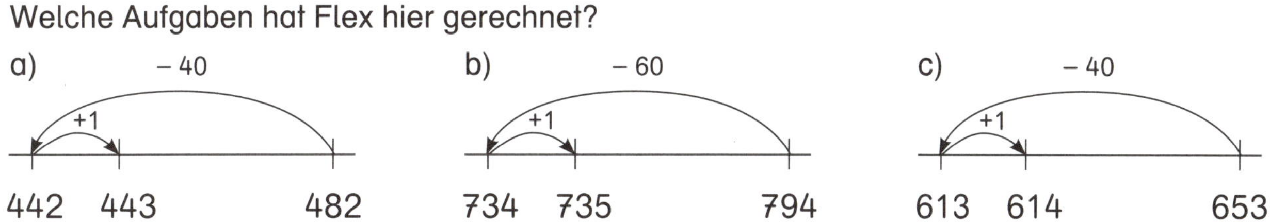

5 Rechne auf deinem Weg.

a)	b)	c)	d)	e)
374 – 29	764 – 9	548 – 35	500 – 54	134 – 29
482 – 78	310 – 5	197 – 86	768 – 34	983 – 69
296 – 7	632 – 7	963 – 48	390 – 67	872 – 48
847 – 47	500 – 3	600 – 15	270 – 51	653 – 38

Addieren von Zehnern

1 Schreibe die Schritte wie Flex in dein Heft.

a) 140 + 70	b) 570 + 70	c) 730 + 80	d) 660 + 80	e) 830 + 70
620 + 80	450 + 80	650 + 90	170 + 60	850 + 90
540 + 70	890 + 30	380 + 70	790 + 20	520 + 70
350 + 60	870 + 40	590 + 20	420 + 90	830 + 60

2 Schreibe immer drei passende Aufgaben dazu.
Wie verändert sich die Summe?

a) 260 + 40	b) 370 + 30	c) 590 + 10
260 + 50	370 + 40	590 + 20
260 + 60	370 + 50	590 + 30

3 Hier fällt etwas auf. Wie heißt die passende Aufgabe?

a) 240 + 80	b) 760 + 50	c) 850 + 70	d) 360 + 70	e) 530 + 90
280 + 40	750 + 60	870 + ___	___	___

4 Schreibe selbst fünf Aufgabenpaare wie in Aufgabe 3.

5 a)

b)

6 Immer drei Aufgaben gehören zusammen.

a) 470 + 80 = ___	b) 790 + 60 = ___	c) 830 + 70 = ___	d) 780 + 40 = ___
470 + ___ = 550	790 + ___ = 850	830 + ___ = 900	780 + ___ = 820
___ + 80 = 550	___ + 60 = 850	___ + 70 = 900	___ + 40 = 820

7

a) 360 + ___ = 420	b) 640 + ___ = 730	c) ___ + 50 = 630	d) ___ + 80 = 930
270 + ___ = 350	920 + ___ = 1000	___ + 60 = 900	___ + 70 = 850
780 + ___ = 810	860 + ___ = 930	___ + 40 = 510	___ + 90 = 570

Addieren von großen Zahlen

1 Wie hat Flo die Aufgabe gerechnet? Wie hat Flex gerechnet?
Findest du noch andere Rechenwege?

2 Rechne auf deinem Weg.

a)	b)	c)	d)
390 + 150	450 + 290	370 + 350	570 + 260
570 + 140	690 + 230	190 + 640	380 + 390
380 + 140	860 + 140	550 + 390	290 + 340
560 + 190	640 + 290	460 + 360	850 + 140

3 Schreibe immer zwei passende Aufgaben dazu.
Wie verändert sich die Summe?

a)	b)	c)	d)
440 + 260	360 + 440	480 + 220	170 + 530
440 + 270	360 + 450	480 + 230	170 + 540
440 + 280	360 + 460	480 + 240	170 + 550

4 Addiere jede gelbe Zahl zu jeder roten Zahl.

a)

200	360	540	490	+	70	180	360

b)

90	180	470	650	+	180	290	350

5 Ergänze. Schreibe die Aufgaben in dein Heft.

a)

b)

6 Finde immer sechs Aufgaben.

a)

b)

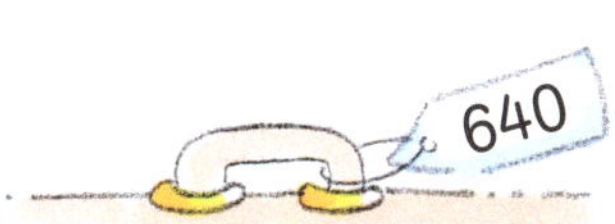

c)

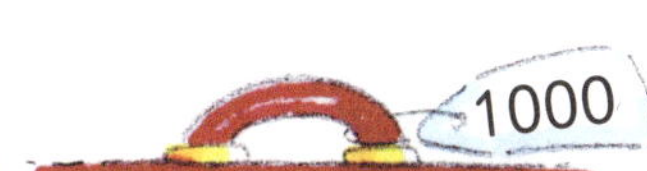

Subtrahieren von Zehnern

320 – 50 = ___

1 Schreibe die Schritte wie Flex in dein Heft.

a)	b)	c)	d)	e)
340 – 70	360 – 90	270 – 90	630 – 50	250 – 80
280 – 90	470 – 80	420 – 50	710 – 70	520 – 70
410 – 30	570 – 80	510 – 40	150 – 80	630 – 50
520 – 40	580 – 90	660 – 80	540 – 60	1020 – 40

2 Schreibe immer drei passende Aufgaben dazu.
Wie verändert sich die Differenz?

a)	b)	c)
330 – 30	810 – 10	720 – 20
330 – 40	810 – 20	720 – 30
330 – 50	810 – 30	720 – 40

3 Subtrahiere jede gelbe Zahl von jeder roten Zahl.

a)

830	750	520	–	40	90	70

b)

910	640	560	–	80	70	60

4 Übertrage die Tabellen in dein Heft und fülle sie aus.

a)

–	80	70	60
320			
324			
327			

b)

–	80	90	40
540			
545			
549			

5 Wie heißt die Zahl?

a) Die Zahl ist die Differenz von 270 und 90.

b) Verdopple die Differenz von 350 und 50.

c) Halbiere die Differenz von 870 und 960.

Subtrahieren von großen Zahlen

1 Wie hat Flo die Aufgabe gerechnet? Wie hat Flex gerechnet?
Findest du noch andere Rechenwege?

2 Rechne auf deinem Weg.

a)	b)	c)	d)
530 – 250	620 – 380	420 – 150	820 – 310
840 – 480	540 – 290	830 – 740	730 – 260
530 – 370	670 – 590	940 – 470	540 – 270
420 – 380	730 – 280	760 – 390	360 – 180

3 Schreibe immer zwei passende Aufgaben dazu. Wie verändert sich die Differenz?

a)	b)	c)	d)
740 – 540	850 – 650	520 – 220	910 – 310
740 – 550	850 – 660	520 – 240	910 – 330
740 – 560	850 – 670	520 – 260	910 – 350

4 Hier fällt etwas auf.

a)	b)	c)	d)
460 – 320	730 – 360	810 – 270	950 – 260
560 – 420	830 – 460	910 – 370	1050 – 360

5 Schreibe selbst fünf Aufgabenpaare wie in Aufgabe 4.

6 Übertrage die Tabelle in dein Heft und fülle sie aus.

Zahl	300	480	340	900			940		1000
Hälfte	150				300	380		205	

7

Halbschriftlich addieren

1  Wie hat Flo die Aufgabe gerechnet? Wie hat Flex gerechnet?
Findest du noch andere Rechenwege?

2

a)	b)	c)	d)	e)
480 + 40	270 + 30	530 + 80	670 + 60	360 + 90
480 + 45	270 + 34	530 + 83	670 + 65	365 + 94
480 + 49	270 + 38	534 + 83	678 + 65	368 + 94

3

a)	b)	c)	d)	e)
97 + 8	86 + 27	240 + 83	251 + 46	668 + 78
297 + 8	386 + 27	247 + 83	475 + 46	453 + 78
597 + 8	686 + 27	249 + 83	539 + 46	846 + 78

4 Rechne auf deinem Weg.

a)	b)	c)	d)	e)
293 + 18	456 + 92	573 + 58	645 + 59	343 + 64
629 + 75	738 + 74	692 + 39	628 + 77	292 + 18
378 + 25	538 + 98	409 + 96	564 + 38	295 + 15
506 + 99	145 + 69	294 + 67	728 + 56	176 + 48

5 Rechne aus. Schreibe auch auf, wie sich die Summe verändert.

a)	b)	c)
272 + 28	385 + 25	687 + 58
272 + 38	385 + 50	677 + 58
272 + 48	385 + 75	667 + 58

6 Übertrage die Tabellen in dein Heft und fülle sie aus.

a)

+	28	45
278		
789		
497		

b)

+	89	54	
686			
548			
857			905

Halbschriftlich addieren

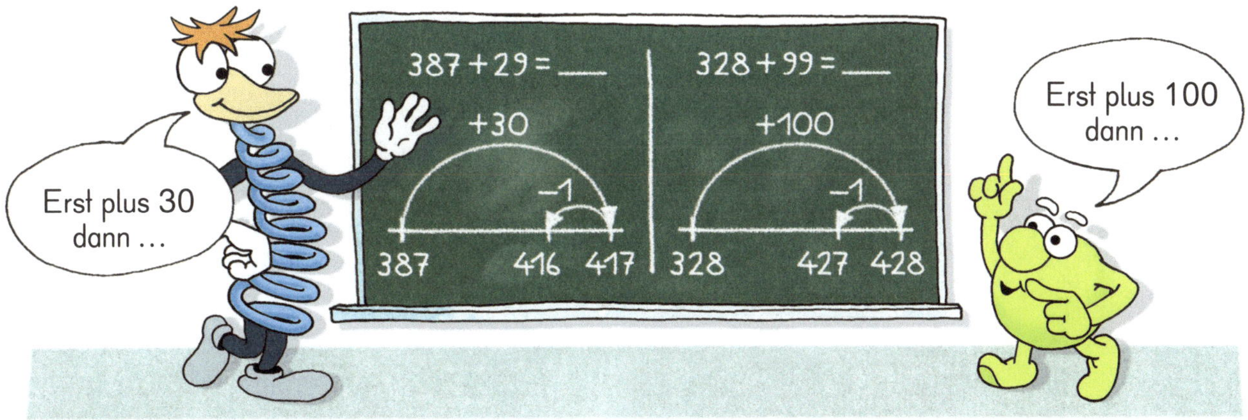

1 Rechne die Aufgaben wie Flex. Zeichne auch den Rechenstrich.

a)	b)	c)	d)	e)
228 + 29	485 + 59	895 + 39	643 + 69	378 + 59
347 + 49	543 + 69	786 + 29	764 + 68	467 + 58

2 Rechne diese Aufgaben wie Flo. Zeichne auch den Rechenstrich.

a)	b)	c)	d)	e)
278 + 99	744 + 99	282 + 99	764 + 99	234 + 97
463 + 99	608 + 99	584 + 98	328 + 97	568 + 98

3 Hier fällt etwas auf.

a)	b)	c)	d)	e)
348 + 32	735 + 85	402 + 68	463 + 57	577 + 68
350 + 30	740 + 80	400 + 70	460 + 60	580 + 65

4 Wie heißt die passende Aufgabe?

a)	b)	c)	d)	e)
658 + 87	487 + 56	303 + 57	774 + 56	909 + 93
660 + 85	490 + ___	___	___	___

5 Welche Zahl musst du einsetzen?

a) 220 + 35 = 235 + ___
709 + 41 = 700 + ___
354 + 78 = 360 + ___
496 + 25 = 500 + ___

b) 535 + 86 = 530 + ___
681 + 24 = 685 + ___
473 + 82 = 453 + ___
306 + 96 = 300 + ___

6 Fasse geschickt zusammen.

a)	b)	c)	d)
170 + 250 + 30	390 + 10 + 270	230 + 490 + 10	270 + 90 + 130
450 + 120 + 50	198 + 9 + 470	60 + 780 + 40	420 + 280 + 40

7 Welche Zahlen könnten es sein?

Die Summe aus drei Zahlen ist 600. Die Summe der 1. und 2. Zahl ist 300. Die Summe der 2. und 3. Zahl ist 350.

Halbschriftlich subtrahieren

1  Wie hat Flo die Aufgabe gerechnet? Wie hat Flex gerechnet?
Findest du noch andere Rechenwege?

2

a) 340 – 50	b) 650 – 70	c) 420 – 50	d) 530 – 40	e) 240 – 70
340 – 52	650 – 73	420 – 55	530 – 46	240 – 74
340 – 55	650 – 76	420 – 58	532 – 48	243 – 79

3

a) 104 – 8	b) 124 – 36	c) 263 – 43	d) 527 – 58	e) 343 – 78
204 – 8	324 – 36	474 – 43	608 – 58	461 – 78
604 – 8	524 – 36	786 – 43	741 – 58	725 – 78

4 Schreibe immer zwei passende Aufgaben dazu.

a) 225 – 30	b) 438 – 50	c) 307 – 54	d) 598 – 29	e) 643 – 25
235 – 40	437 – 49	306 – 55	599 – 29	633 – 35
245 – 50	436 – 48	305 – 56	600 – 29	623 – 45

5 Welche Aufgaben hat Flo gerechnet? Schreibe auch die Schritte auf.

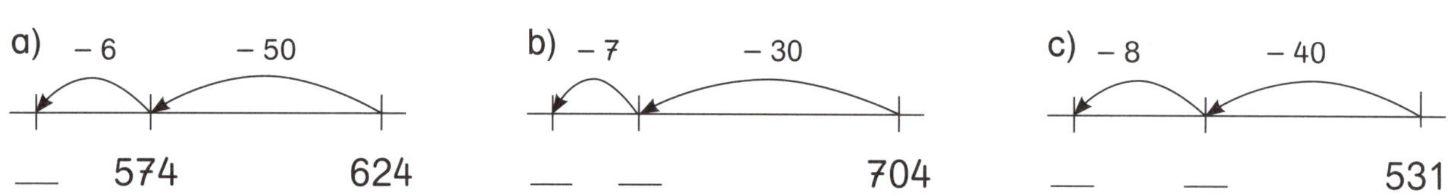

6 Welche Aufgaben hat Flex gerechnet? Schreibe auch die Schritte auf.

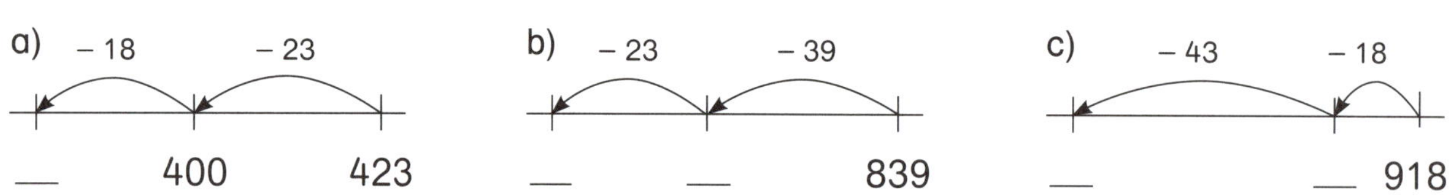

7 Rechne auf deinem Weg.

a) 482 – 91	b) 754 – 83	c) 564 – 69	d) 904 – 37	e) 881 – 92
324 – 43	653 – 96	381 – 92	815 – 48	905 – 47
275 – 96	487 – 97	240 – 78	723 – 79	1000 – 54

Halbschriftlich subtrahieren

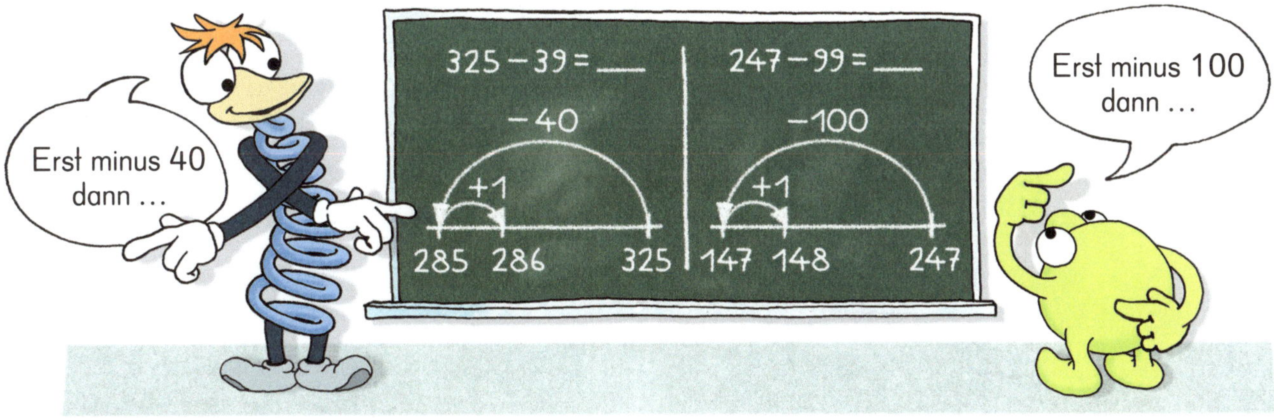

1 Rechne die Aufgaben wie Flex. Zeichne auch den Rechenstrich.

a) 693 – 69	b) 323 – 79	c) 804 – 39	d) 235 – 49	e) 426 – 59
582 – 79	714 – 49	971 – 89	326 – 48	613 – 58

2 Rechne diese Aufgaben wie Flo. Zeichne auch den Rechenstrich.

a) 314 – 99	b) 623 – 99	c) 203 – 99	d) 872 – 99	e) 343 – 97
431 – 99	555 – 99	305 – 98	724 – 97	403 – 98

3 Hier fällt etwas auf.

a) 432 – 47	b) 653 – 68	c) 865 – 89	d) 704 – 77	e) 907 – 58
430 – 45	650 – 65	860 – 84	700 – 73	900 – 51

4 Wie heißt die passende Aufgabe?

a) 642 – 67	b) 373 – 88	c) 746 – 78	d) 802 – 57	e) 604 – 67
640 – 65	370 – ___	___	___	___

5 Welche Aufgaben gehören zusammen?

342 – 37 = 340 – 35

342 – 37 | 580 – 40 | 200 – 80 | 837 – 67 | 340 – 35 | 202 – 82 | 578 – 38 | 220 – 50 | 217 – 47 | 840 – 70

6 Welche Zahl musst du einsetzen?

a) 442 – 32 = 432 – ___
308 – 27 = 309 – ___
792 – 55 = 791 – ___

b) 541 – 21 = 500 + ___
309 + 41 = 400 – ___
631 + 29 = 670 – ___

7 Welches Zeichen musst du einsetzen: (+), (–)?

a) 320 ◯ 80 = 380 ◯ 20
410 ◯ 10 = 500 ◯ 80
500 ◯ 50 = 400 ◯ 50

b) 245 ◯ 15 = 250 ◯ 10
297 ◯ 27 = 300 ◯ 30
500 ◯ 5 = 604 ◯ 99

Ergänzen und vermindern

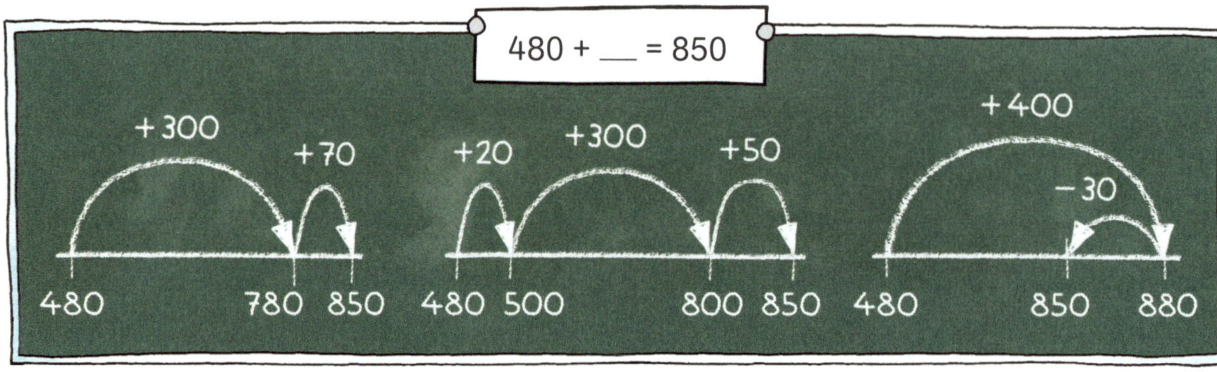

1 Wie rechnest du die Aufgabe?

a) 370 + __ = 750 b) 430 + __ = 780 c) 430 + __ = 920 d) 580 + __ = 950

2

a)	b)	c)
590 + __ = 930	340 + __ = 530	170 + __ = 930
460 + __ = 720	450 + __ = 720	280 + __ = 810
180 + __ = 470	570 + __ = 950	190 + __ = 740

3 Schreibe immer zwei passende Aufgaben dazu.

a)	b)	c)
250 + __ = 520	370 + __ = 740	580 + __ = 910
260 + __ = 530	360 + __ = 730	480 + __ = 810
270 + __ = 540	350 + __ = 720	380 + __ = 710

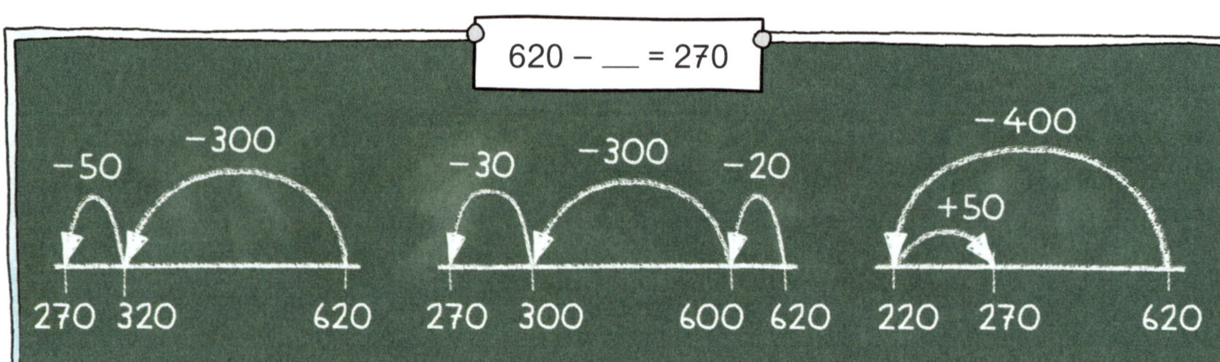

4 Wie rechnest du die Aufgabe?

a) 730 − __ = 360 b) 520 − __ = 430 c) 640 − __ = 290 d) 930 − __ = 750

5

a)	b)	c)
920 − __ = 690	860 − __ = 370	820 − __ = 180
870 − __ = 380	620 − __ = 580	910 − __ = 240
540 − __ = 270	720 − __ = 650	730 − __ = 170
630 − __ = 460	910 − __ = 460	930 − __ = 390

6 Schreibe immer zwei passende Aufgaben dazu.

a)	b)	c)
650 − __ = 590	710 − __ = 350	920 − __ = 560
640 − __ = 580	720 − __ = 360	820 − __ = 460
630 − __ = 570	730 − __ = 370	720 − __ = 360

Rechenmauern

1

2 Wie musst du die Zahlen verändern, damit das Ergebnis im oberen Stein 100 oder 102 ist?

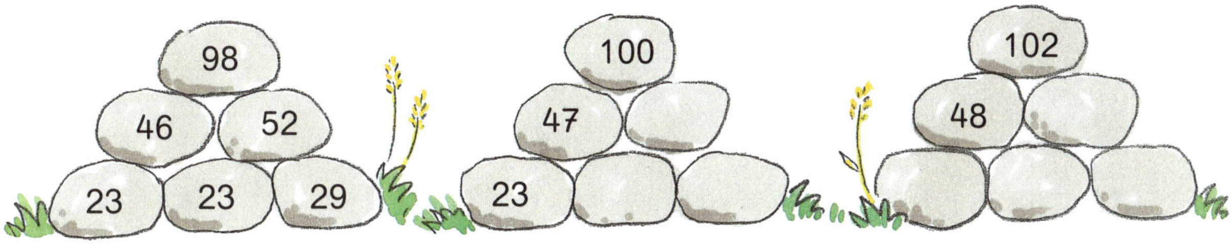

3 Wie musst du die Zahlen hier verändern?

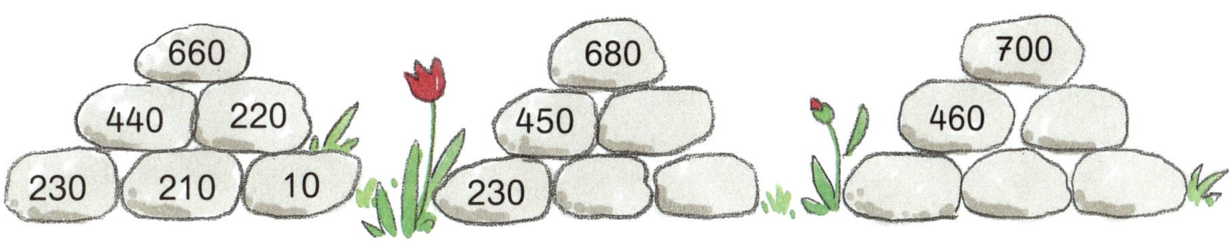

4

5 Vergleiche die Ergebnisse in den oberen Steinen, vergleiche die Zahlen in den unteren Reihen. Schreibe auf, was dir auffällt.

Rechnen in Sachsituationen

1 Flex und Flo besichtigen ein Spielwarenlager.
Dort gibt es 280 verschiedene Spiele.
Nächstes Jahr sollen 240 neue Spiele dazu kommen.

2 Die Bausätze werden in Kartons mit 80 Stück gelagert.
Vier Kartons sind noch vorhanden.

3 Im Lager sind noch 250 Fußballquartette.
160 Stück werden aus dem Lager gebracht.

4 Puzzles waren letzten Monat im Angebot.
Von den 340 Tierpuzzles wurden 170 verkauft.

5 Gestern ist eine Lieferung mit Stofftieren angekommen.
120 Teddys, 90 Hunde und 110 Eisbären.
a) Wie viele Stofftiere waren es insgesamt?
b) Heute wurden schon 15 Eisbären und 25 Teddys verkauft.
Wie viele Stofftiere sind noch übrig?

6 Die Spielzeugautos werden in Kartons gelagert. In jedem Karton sind 125 Stück.
Vier Kartons sind noch da.

7 Eine neue Lieferung mit Brettspielen kommt. In dem einen Regal ist noch Platz für 50 Brettspiele, in dem anderen Regal für 65 Spiele. Es sind aber 350 neue Spiele.
Wie viele Brettspiele müssen in ein neues Regal geräumt werden?

Das kann ich jetzt

1

a) 260 + 80
340 + 70

b) 540 + 80
790 + 30

c) 720 + 70
890 + 50

d) 690 + 20
840 + 70

e) 480 + 80
720 + 90

2 Schreibe immer drei passende Aufgaben dazu.

a) 740 – 50
740 – 60
740 – 70

b) 430 – 40
430 – 50
430 – 60

c) 210 – 20
210 – 30
210 – 40

d) 620 – 30
620 – 40
620 – 50

e) 550 – 60
550 – 70
550 – 80

3

4

a) 420 + ___ = 500
420 + ___ = 510

b) 730 + ___ = 800
730 + ___ = 820

c) 570 + ___ = 600
570 + ___ = 640

5 Welche Aufgaben sind es?

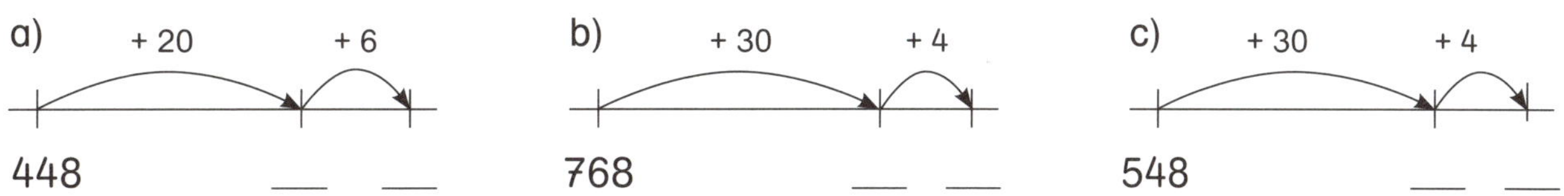

6

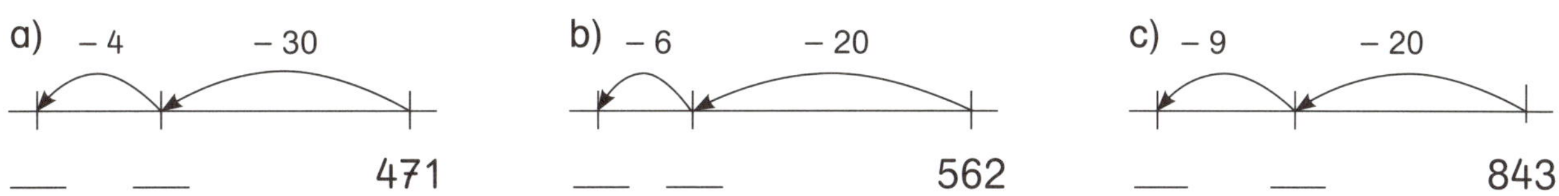

7

a) 328 + 76
437 + 82

b) 627 + 94
875 + 63

c) 664 + 57
276 + 42

d) 309 + 96
546 + 73

e) 684 + 36
779 + 43

8

a) 423 – 62
564 – 83

b) 806 – 27
648 – 53

c) 245 – 48
376 – 83

d) 943 – 56
541 – 69

e) 726 – 48
632 – 54

9 Ergänze. Schreibe die Aufgaben in dein Heft.

a)

b)

Schriftlich addieren

1 Lege oder zeichne die Aufgaben wie Flo.
Schreibe stellengerecht untereinander und addiere schriftlich wie Flex.

	H	Z	E
a)	5	1	7
+	3	2	2

	H	Z	E
b)	2	3	4
+	4	1	3

	H	Z	E
c)	7	2	4
+		3	1

	H	Z	E
d)	3	2	5
+	1	6	2

	H	Z	E
e)		3	4
+	2	4	2

2

a)	2	0	3
+	4	8	3

b)	1	3	6
+	4	4	0

c)	6	7	0
+	2	1	9

d)	1	5	2
+	7	3	5

e)	4	8	5
+	2	0	3

3 Schreibe wie in Aufgabe 2 stellengerecht untereinander und addiere schriftlich.

a) 332 + 357
284 + 703

b) 126 + 761
654 + 342

c) 514 + 233
706 + 263

d) 472 + 325
314 + 224

e) 274 + 712
218 + 541

4 Schöne Ergebnisse. Addiere schriftlich.

a) 153 + 846
845 + 43

b) 532 + 134
12 + 432

c) 321 + 234
63 + 714

d) 412 + 365
503 + 52

5 Finde ähnliche Aufgaben wie in Aufgabe 4.

6 Klecksaufgaben. Welche Ziffern fehlen?
Schreibe die Aufgaben vollständig in dein Heft.

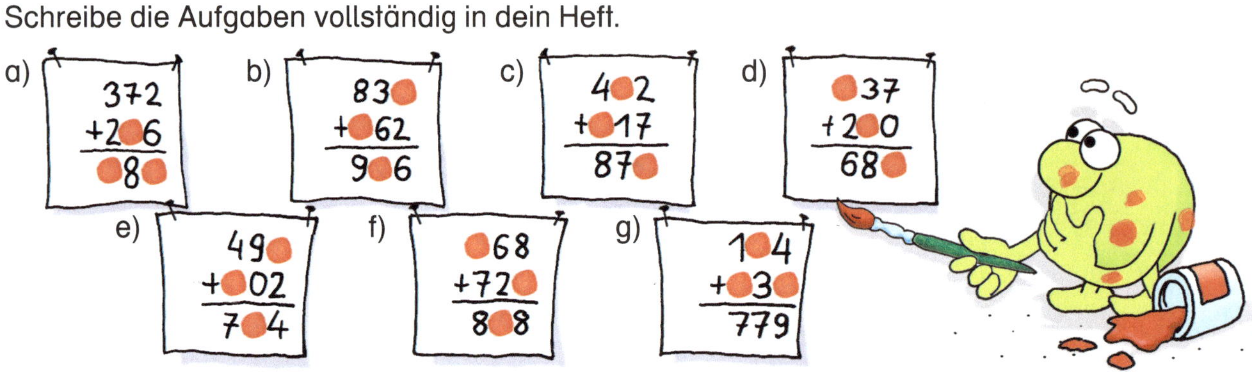

Schriftlich addieren mit Übertrag

1 Lege oder zeichne die Aufgaben wie Flo. Dann addiere schriftlich wie Flex.

a) 257 + 535   b) 517 + 238   c) 456 + 372   d) 619 + 35   e) 84 + 362

2 Schreibe wie in Aufgabe 1 stellengerecht untereinander und addiere schriftlich.

a)	b)	c)	d)	e)
214 + 637	516 + 375	483 + 455	375 + 217	326 + 537
39 + 744	61 + 829	654 + 274	728 + 69	83 + 346

3

a)	b)	c)	d)	e)
406 + 444	508 + 374	753 + 108	504 + 278	73 + 880
305 + 437	86 + 405	858 + 102	75 + 860	409 + 307

4

Aufgepasst! Hier gibt es zwei Überträge.

a)	b)	c)
568 + 245	146 + 285	689 + 257
346 + 275	417 + 495	296 + 296
686 + 245	278 + 432	385 + 615
397 + 85	79 + 543	609 + 391

5 Addiere jede gelbe Zahl zu jeder roten Zahl.

a) 485, 368, 276 + 307, 138, 416

b) 365, 93, 507 + 255, 408, 317

6 Klecksaufgaben. Welche Ziffern fehlen?
Schreibe die Aufgaben vollständig in dein Heft.

a)
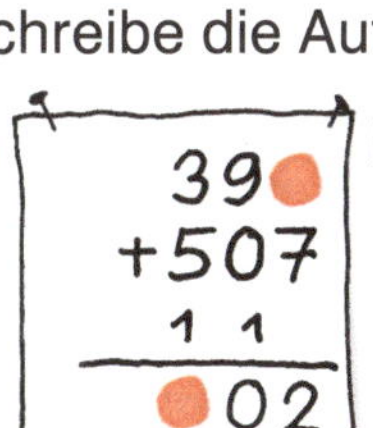

b)
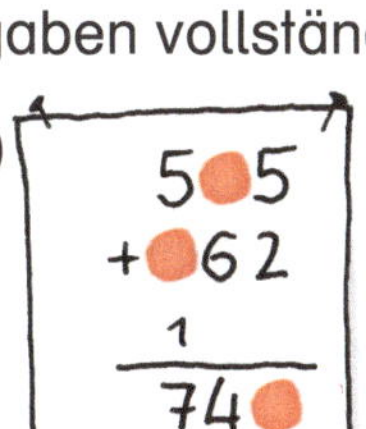

c)
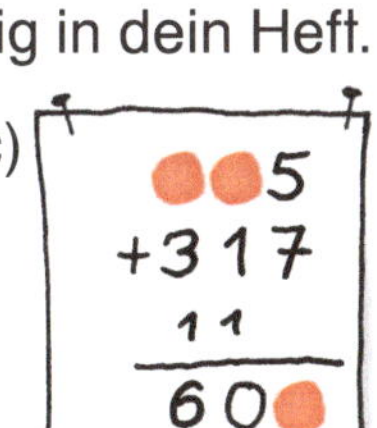

d)
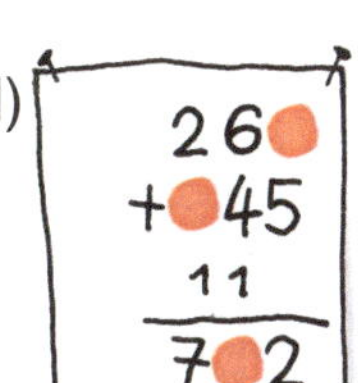

e)
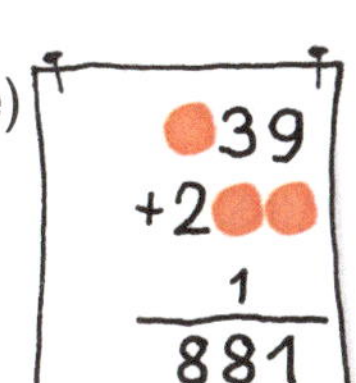

f)

Im Kopf oder schriftlich

1 Finde eigene Aufgaben, die du im Kopf rechnen kannst.
Erkläre warum.

2 Kannst du diese Aufgaben im Kopf rechnen?
Schreibe auch deinen Trick auf.

a) 299 + 405	b) 328 + 198	c) 105 + 225	d) 493 + 207
499 + 167	513 + 398	704 + 136	296 + 104
199 + 352	472 + 198	607 + 303	592 + 208

a) 704
300 + 405
dann 1 weniger

3 Schreibe nur das Ergebnis auf.

a) 275 + 297	b) 183 + 704	c) 603 + 137	d) 531 + 197	e) 756 + 104
503 + 428	531 + 197	401 + 382	454 + 303	312 + 208

4 Rechnest du im Kopf oder schriftlich?
Überlege erst und rechne dann.

a) 395 + 105 = 500

a) 395 + 105	b) 198 + 415	c) 199 + 312	d) 636 + 265	e) 405 + 395
489 + 317	221 + 209	325 + 415	158 + 773	243 + 257
246 + 713	375 + 482	278 + 547	383 + 297	698 + 222

5

a) Bilde die Summe aus 704 und 296.

b) Addiere 548 und 402.

c) Bilde die Summe aus 476 und 458.

6

a) Die Summe aus zwei Zahlen ist 444. Die erste Zahl ist 240.

b) Zwei Zahlen ergeben zusammen 378. Die erste Zahl ist 198.

c) Die Summe aus zwei Zahlen ist 666. Die erste Zahl ist doppelt so groß wie die zweite.

6 Eigene Zahlenrätsel erfinden.

Schriftlich addieren – Überschlagen

1  Welchen Überschlag (Ü) würdest du hier wählen? 382 + 259 = __

Ü: 400 + 300 | Ü: 400 + 260 | Ü: 380 + 260 | Ü: 400 + 250

2 a) Überschlage nur. In welchen Koffer gehören die Aufgaben?

249 + 394 | 634 + 271 | 487 + 98

655 + 293 | 273 + 709 | 139 + 576 | 128 + 163

212 + 104 | 198 + 144

Koffer A: 212 + 104

A 

B 

C 

b) Finde für jeden Koffer drei weitere Aufgaben.

3 Überschlage zuerst, rechne dann genau.

a)	b)	c)
293 + 197	761 + 138	222 + 666
456 + 364	618 + 235	379 + 430
163 + 728	472 + 519	541 + 382
709 + 243	412 + 307	630 + 294

Ü: 300 + 200 = 500

```
  293
+ 197
```

4 Rechne nur die Aufgaben, deren Summe größer als 600 ist.

a)	b)	c)	d)	e)
350 + 293	253 + 195	403 + 120	134 + 512	221 + 156
417 + 112	336 + 321	246 + 395	262 + 149	197 + 703
149 + 289	237 + 456	154 + 399	187 + 489	386 + 491

5  Stimmt es oder stimmt es nicht?

a) Jan hat 325 Sammelkarten, Burak hat 208. Zusammen sind das mehr als 500 Karten.

b) Petra hat 208 Karten in ihrem Album. Anke hat 112. Zusammen sind das fast 400 Karten.

c) Julia hat 193 Karten in ihrem Album. Ihr Bruder Felix hat doppelt so viele Karten. Zusammen haben sie über 600 Karten.

d) Christian hat 253 Sammelkarten. Sein Freund Michael hat genau doppelt so viele Karten. Zusammen haben sie über 750 Karten.

Addieren mit drei Summanden

Ü: 300 + 250 + 250 = 800

1 Rechne wie Flex und Flo.

a)	b)	c)	d)	e)
213	507	234	218	241
+ 454	+ 380	+ 233	+ 521	+ 324
+ 321	+ 112	+ 432	+ 150	+ 404

2

a)	b)	c)	d)	e)
323	546	143	409	57
+ 42	+ 135	+ 656	+ 253	+ 348
+ 465	+ 63	+ 94	+ 276	+ 392

3 Addiere schriftlich.

a) 125 + 237 + 465　　b) 508 + 273 + 194　　c) 349 + 468 + 137
d) 259 + 316 + 425　　e) 540 + 139 + 316　　f) 365 + 238 + 396

4 Überschlage.
Rechne nur die fünf Aufgaben, deren Ergebnis kleiner als 1000 ist.

a) 463 + 279 + 397　　b) 187 + 504 + 261　　c) 315 + 247 + 359
d) 217 + 608 + 382　　e) 371 + 16 + 478　　f) 181 + 351 + 285
g) 419 + 527 + 345　　h) 96 + 635 + 467　　i) 273 + 196 + 342

5 Kannst Du auch eine Aufgabe von Aufgabe 4 rechnen, deren Ergebnis größer als 1000 ist?

6

a)	b)	c)	d)	e)
264	●45	140	●53	2●●
+ 3●●	+ 423	+ ●38	+ 3●6	+ 138
+ ●32	+ 3●1	+ 25●	+ 50●	+ ●07
		1 1	1 1	1 2
698	99●	8●7	1004	921

Übungen

1 a) Addiere schriftlich.

145	245	345	445
+ 236	+ 236	+ 236	+ 236

b) Wie verändern sich die Aufgaben? Beschreibe.
Schreibe drei passende Aufgaben in dein Heft.

2 Rechne mindestens 10 Aufgaben. Addiere schriftlich.

574
+ 345

3 Schöne Ergebnisse.

a)	b)	c)	d)	e)
178 + 266	356 + 199	584 + 415	549 + 228	729 + 159
257 + 187	87 + 468	357 + 642	394 + 383	375 + 513

4 Was hat Flo falsch gemacht? Schreibe die Aufgaben richtig in dein Heft.

346	273	674	562	153
+ 275	+ 314	+ 235	+ 35	+ 437
1	1		1	1 1
521	597	809	912	691

5

23●	4●6	●66	●●9	36●	4●6
+ 4●8	+ ●18	+ 2●6	+ 32●	+ ●95	+ ●0●
1	1	1 1	1 1	1 1	1 1
●94	67●	72●	510	8●1	943

6 Welche Zahlen musst du für die Buchstaben einsetzen?

a)	b)	c)	d)	e)
3A4	70B	485	29D	6E9
+ 36A	+ 1B1	+ C48	+ 5D6	+ E74
1 1		1 1	1 1	1 1
A41	BB9	8CC	8D0	101E

7

ABC	FA	AEF
+ ABC	+ FC	+ DEC
BDE	AED	ECA

Übungen mit Ziffernkarten

1 Flex und Flo legen mit Ziffernkarten dreistellige Zahlen.

a) Schreibe alle Zahlen auf, die sie legen können.

Flo

Flex

b) Welches ist jeweils die kleinste Zahl und die größte Zahl?

2 Flex und Flo legen mit sechs verschiedenen Ziffernkarten dreistellige Zahlen und addieren sie.

a) Finde mindestens sechs Plusaufgaben, die sie legen können.

b) Wie heißt das kleinste Ergebnis?

c) Wie heißt das größte Ergebnis?

3

Welche sechs verschiedenen Ziffernkarten kann Flo legen, damit das Ergebnis stimmt?

a) □□□ + □□□ = 688

b) □□□ + □□□ = 776

c) □□□ + □□□ = 868

d) □□□ + □□□ = 736 (Übertrag: 1)

e) □□□ + □□□ = 544 (Überträge: 1 1)

f) □□□ + □□□ = 999

g) □□□ + □□□ = 1000 (Überträge: 1 1 1)

4 Bilde aus sechs verschiedenen Ziffernkarten zwei dreistellige Zahlen und addiere sie.
Finde Aufgaben mit einem Ergebnis

a) kleiner als 600,

b) zwischen 600 und 1000,

c) größer als 1000.

Schriftlich subtrahieren

1  Wie rechnet Flo die Aufgabe?
Wie rechnet Flex die Aufgabe?
Welcher Weg gefällt dir besser? Warum?
Rechne die Aufgabe wie Flo **oder** wie Flex zu Ende.

2 Rechne wie Flo **oder** wie Flex.
Beginne bei den Einern.

a)	H	Z	E
	6	4	3
–	3	1	2

b)	H	Z	E
	8	7	4
–	3	5	2

c)	H	Z	E
	7	3	2
–	6	2	1

d)	H	Z	E
	8	7	6
–	5	2	1

e)	H	Z	E
	6	5	7
–	2	1	3

3

a)	H	Z	E
	6	7	3
–	1	3	2

b)	H	Z	E
	4	5	2
–	3	4	1

c)	H	Z	E
	6	9	3
–		8	2

d)	H	Z	E
	5	4	7
–	2	1	3

e)	H	Z	E
	8	9	7
–	2	7	5

4 Schreibe stellengerecht untereinander und subtrahiere schriftlich.
a) 545 – 231 b) 698 – 535 c) 764 – 612 d) 648 – 335 e) 379 – 158

Schriftlich subtrahieren – Abziehen

1 Erkläre wie Flo gerechnet hat.

2 Rechne wie Flo.

	a) H Z E	b) H Z E	c) H Z E	d) H Z E	e) H Z E
	5 7 4	5 9 1	6 5 4	4 3 6	3 2 8
–	3 5 6	2 7 5	4 1 9	2 8 3	1 6 7

3

	a) H Z E	b) H Z E	c) H Z E	d) H Z E	e) H Z E
	5 6 7	7 2 4	4 3 5	8 2 7	6 5 2
–	9 6	5 2	1 0 7	5 3 0	4 7 0

4 Subtrahiere schriftlich.

a)	b)	c)	d)	e)
543 – 271	758 – 578	494 – 66	654 – 438	777 – 382
487 – 94	936 – 765	817 – 432	726 – 543	888 – 494
886 – 57	492 – 164	643 – 214	573 – 255	809 – 87

5

	a)	b)	c)	d)	e)	f)
	4 2 3	6 3 0	8 3 4	5 3 2	7 2 8	5 6 4
–	2 6 7	4 4 2	7 9 8	2 4 6	5 7 9	1 8 9

S. 54 oder S. 55 bearbeiten.

Schriftlich subtrahieren – Ergänzen

1 Erkläre wie Flex gerechnet hat.

2 Rechne wie Flex.

	H	Z	E
a)	5	7	4
−	3	5	6

	H	Z	E
b)	5	9	1
−	2	7	5

	H	Z	E
c)	6	5	4
−	4	1	9

	H	Z	E
d)	4	3	6
−	2	8	3

	H	Z	E
e)	3	2	8
−	1	6	7

3

	H	Z	E
a)	5	6	7
−		9	6

	H	Z	E
b)	7	2	4
−		5	2

	H	Z	E
c)	4	3	5
−	1	0	7

	H	Z	E
d)	8	2	7
−	5	3	0

	H	Z	E
e)	6	5	2
−	4	7	0

4 Subtrahiere schriftlich.

a)	b)	c)	d)	e)
543 – 271	758 – 578	494 – 66	654 – 438	777 – 382
487 – 94	936 – 765	817 – 432	726 – 534	888 – 494
886 – 57	492 – 164	643 – 214	573 – 255	809 – 87

5

a)	4	2	3
−	2	6	7

b)	6	3	0
−	4	4	2

c)	8	3	4
−	7	9	8

d)	5	3	2
−	2	4	6

e)	7	2	8
−	5	7	9

f)	5	6	4
−	1	8	9

S. 54 oder S. 55 bearbeiten.

Schriftlich subtrahieren – Überschlagen

1  Wie viel ist es ungefähr? Rechne einen Überschlag wie Flex.

a) 596 – 289 b) 512 – 253 c) 749 – 314 d) 987 – 249 e) 615 – 96

2 a) In welchen Koffer gehören die Aufgaben?

793 – 426 | 837 – 89 | 851 – 425 | 999 – 218 | 882 – 139

935 – 794 | 513 – 347 | 718 – 576 | 999 – 548

A 

B 

C 

b) Finde für jeden Koffer drei weitere Aufgaben.

3 Überschlage zuerst und rechne dann genau.

a)	b)	c)
456 – 293	673 – 214	832 – 444
364 – 137	584 – 311	759 – 236
921 – 567	579 – 428	625 – 479
983 – 714	745 – 391	414 – 136

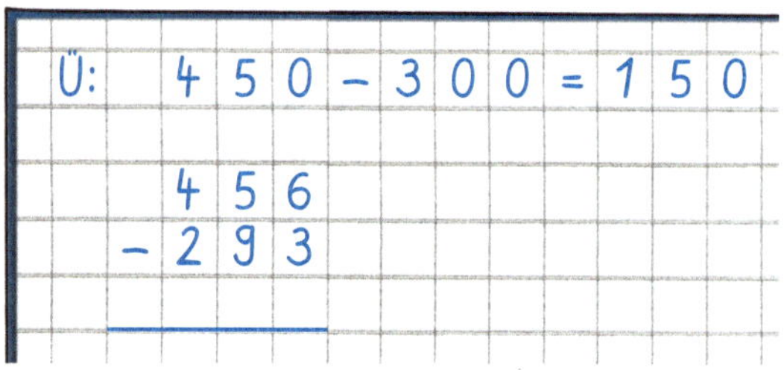

4 Rechne nur die Aufgaben, deren Differenz kleiner als 400 ist.

a)	b)	c)	d)	e)
736 – 482	678 – 125	937 – 418	516 – 342	976 – 636
973 – 359	814 – 561	783 – 465	845 – 268	711 – 179
695 – 128	592 – 134	679 – 134	754 – 523	521 – 318

5  Stimmt es oder stimmt es nicht?

a) Peter hat 395 Sammelkarten, Ali hat 217. Peter hat über 200 Karten mehr.

b) Lisa hat in ihrem Album 412 Karten. Hannah hat 289.
Hannah hat mehr als 100 Karten weniger als Lisa.

c) Daniel hat 178 Karten in seinem Album, Philipp hat 387.
Daniel hat ungefähr 200 Karten mehr.

d) Mark hat 291 Sammelkarten, Kai hat 123, Mark hat ungefähr 200 Karten mehr.

Schriftlich subtrahieren – Probe

1 Subtrahiere schriftlich. Rechne die Probe wie Flex.

a) 875 – 341 b) 698 – 264 c) 753 – 531 d) 926 – 654 e) 563 – 248

2 Subtrahiere schriftlich. Rechne zur Probe die Umkehraufgabe wie Flo.

a) 678 – 453 b) 849 – 637 c) 957 – 814 d) 526 – 273 e) 762 – 535

3 Überschlage erst, subtrahiere schriftlich und rechne dann eine Probe.

a)	b)	c)	d)	e)
438 – 246	651 – 405	514 – 376	753 – 376	654 – 248
929 – 788	762 – 591	848 – 694	515 – 153	879 – 485

4 Hier haben sich 5 Fehler versteckt. Rechne die Probe wie Flex oder wie Flo.

	a)	b)	c)	d)	e)	f)	g)	h)
	562	987	834	743	451	870	794	645
–	289	358	258	569	348	653	538	437
=	327	629	576	284	799	227	256	248

5 Was wurde hier falsch gemacht? Schreibe auf und löse die Aufgabe richtig.

entweder

	a)	b)	c)	d)	e)
Übertrag	13			12 / 2 14	7 4 14
	5 4 6	6 8 3	7 2 1	9 3 4	8 5 4
–	2 7 3	4 3 9	4 6 3	6 5 6	3 4 8
=	3 6 3	2 5 6	3 8 4	3 7 8	4 0 6

oder

	a)	b)	c)	d)	e)
	5 4 6	6 8 3	7 2 1	9 3 4	8 5 4
–	2 7 3	4 3 9	4 6 3	6 5 6	3 4 8
Übertrag	1	1	1	1	1 1
=	2 7 9	1 5 4	2 6 2	2 8 8	4 0 6

Schriftlich subtrahieren

1 Rechne wie Flo **oder** wie Flex.

a) 1000 – 471
b) 1000 – 825
c) 1000 – 555
d) 900 – 516
e) 700 – 543

2

a) 600 – 434
b) 703 – 341
c) 610 – 278
d) 503 – 230
e) 870 – 604

3 Rechne mindestens 12 Aufgaben. Subtrahiere schriftlich.

4 Klecksaufgaben.

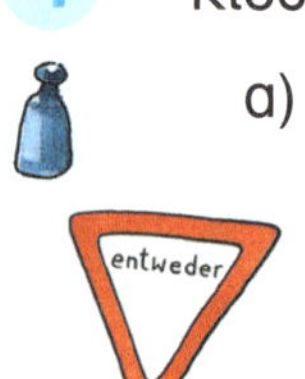

a) 87● – 4●3 = ●16
b) 6●5 – 237 = ●4● (7 15 über ●5)
c) ●64 – 1●● = 581 (6 16 über ●6)
d) 63● – ●●2 = 275 (5 13 über 63)
e) 5●5 – ●9● = 237 (12; 4 2 15 über 5●5)

a) 87● – 4●3 = ●16
b) 6●5 – 237 = ●4● (Übertrag 1)
c) 764 – ●●3 = 58● (Übertrag 1)
d) ●3● – 362 = 2●5 (Übertrag 1)
e) ●35 – 2●● = 237 (Übertrag 1 1)

Im Kopf oder schriftlich

1 Finde eigene Aufgaben, die du im Kopf rechnen kannst.
Erkläre warum.

2 Kannst du diese Aufgaben im Kopf rechnen?
Schreibe deinen Trick auf.

a) 433 – 199	b) 562 – 398	c) 854 – 497
354 – 299	455 – 298	648 – 297
627 – 399	723 – 498	963 – 597

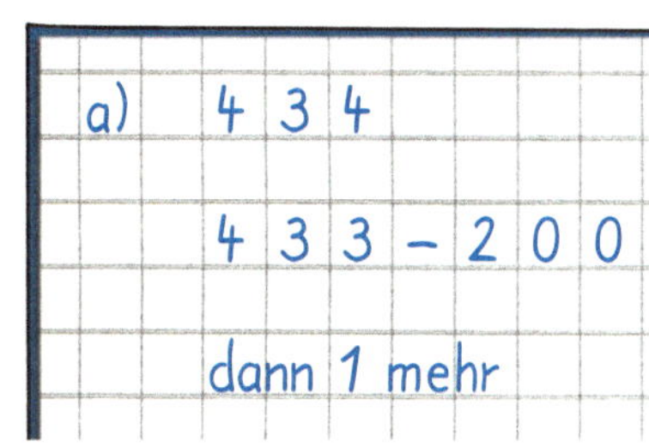

3 Wie rechnest du diese Aufgaben?

a) 502 – 497	b) 903 – 891	c) 703 – 498	d) 605 – 294	e) 804 – 592
405 – 396	702 – 693	802 – 596	401 – 97	603 – 489

4

Kannst du diese Aufgaben auch im Kopf lösen?

a) 304 – 194	b) 407 – 277	c) 753 – 203	d) 411 – 161
703 – 283	605 – 355	682 – 402	624 – 374

5 Schreibe nur das Ergebnis auf.

a) 304 – 294	b) 875 – 199	c) 300 – 180	d) 458 – 197	e) 768 – 308
1000 – 910	637 – 298	750 – 290	564 – 301	905 – 455

6 Rechnest du im Kopf oder schriftlich?
Überlege erst und rechne dann.

a) 1000 – 988	b) 412 – 109	c) 313 – 206	d) 864 – 432	e) 824 – 759
757 – 266	808 – 304	527 – 355	703 – 393	653 – 201
364 – 273	631 – 476	720 – 690	516 – 497	508 – 364

7

a) Bilde die Differenz von 1000 und 790.

b) Subtrahiere 299 von der Summe aus 200 und 100.

c) Die Differenz zwischen der Zahl und 400 ist 576.

Übungen

1 Subtrahiere schriftlich.

a) 379 – 82
426 – 134
863 – 657

b) 647 – 451
308 – 235
914 – 77

c) 539 – 176
761 – 424
940 – 736

d) 823 – 534
642 – 76
472 – 193

2 a) Subtrahiere.

	9	8	7
–	3	2	1

	8	7	6
–	3	2	1

	7	6	5
–	3	2	1

	6	5	4
–	3	2	1

b) Wie verändern sich die Aufgaben? Beschreibe.
Schreibe drei passende Aufgaben in dein Heft.

3 Finde mindestens 12 Aufgaben. Subtrahiere schriftlich.

4 Schöne Ergebnisse.

a) 589 – 256
602 – 269

b) 796 – 241
859 – 304

c) 904 – 127
892 – 115

d) 610 – 388
720 – 498

e) 835 – 391
604 – 160

5 Welche Aufgaben gehören zusammen?

462 – 302 = 460 – 300

462 – 302 | 465 – 315 | 903 – 453 | 450 – 300 | 870 – 500

890 – 400 | 900 – 450 | 460 – 300 | 897 – 407 | 873 – 503

6 Aufgepasst! Manchmal gibt es mehrere Lösungen.

a) Die Zahl hat drei gleiche Ziffern.
Wenn du sie von 750 subtrahierst, erhältst du ein Ergebnis zwischen 300 und 400.

b) Die Zahl besteht aus den Ziffern 4, 1 und 8. Wenn du 222 subtrahierst, erhältst du ein Ergebnis zwischen 200 und 600.

c) Die Zahl besteht aus den Ziffern 2, 5 und 7. Wenn du davon 255 subtrahierst, erhältst du ein Ergebnis zwischen 300 und 400.

d) Die Zahl besteht aus drei aufeinanderfolgenden Ziffern. Wenn du sie von 850 subtrahierst, erhältst du 394.

6 Eigene Zahlenrätsel erfinden.

Übungen mit Ziffernkarten

1 Flex und Flo legen mit Ziffernkarten dreistellige Zahlen und subtrahieren die kleinste Zahl von der größten Zahl. Rechne die Aufgabe zu Ende.

2 Lege immer die größte und die kleinste dreistellige Zahl und subtrahiere.

a) 5 6 1 b) 2 8 3 c) 6 0 2 d) 9 4 7 e) 2 9 1

Schaue dir die Ergebnisse genau an. Was fällt dir auf?

In der Mitte …

Wenn ich die Hunderter und die Einer …

3

Welche Ziffernkarten kann Flo legen, damit das Ergebnis stimmt?

a) □□□ – □□□ = 2 3 1

b) □□□ – □□□ = 2 2 2

c) □□□ – □□□ = 6 4 3

d) □□□ – □□□ = 2 3 2

e) □□□ – □□□ (Überträge 1 1) = 1 8 8

f) □□□ – □□□ (Überträge 1 1) = 3 4 7

4 Bilde aus sechs Ziffernkarten zwei dreistellige Zahlen und subtrahiere die kleinere von der größeren Zahl.
Finde Aufgaben mit einem Ergebnis
a) kleiner als 100,
b) zwischen 200 und 300,
c) größer als 400.

Rechnen in Sachsituationen

Bundesjugendspiele – Punktetabelle

50 m Lauf	12,9	12,8	12,7	12,6	12,5	12,4	12,3	12,2	12,1	12,0	11,9	11,8	11,7	11,6	11,5	11,4	11,3	11,2	11,1	11,0	10,9	10,8	10,7	10,6	10,5
	2	6	10	15	19	24	28	33	37	42	47	52	57	62	67	73	78	84	89	95	101	107	113	119	125
	10,4	10,3	10,2	10,1	10,0	9,9	9,8	9,7	9,6	9,5	9,4	9,3	9,2	9,1	9,0	8,9	8,8	8,7	8,6	8,5	8,4	8,3	8,2	8,1	8,0
	131	138	144	151	158	165	172	179	187	194	202	210	218	226	234	243	252	261	270	279	289	299	309	319	330
Springen	1,49	1,53	1,57	1,61	1,65	1,69	1,73	1,77	1,81	1,85	1,89	1,93	1,97	2,01	2,05	2,09	2,13	2,17	2,21	2,25	2,29	2,33	2,37	2,41	2,45
	32	39	46	54	61	68	75	82	89	95	102	109	115	122	128	134	141	147	153	159	165	171	177	183	189
	2,49	2,53	2,57	2,61	2,65	2,69	2,73	2,77	2,81	2,85	2,89	2,93	2,97	3,01	3,05	3,09	3,13	3,17	3,21	3,25	3,29	3,33	3,37	3,41	3,45
	195	201	206	212	218	223	229	234	240	245	251	256	261	266	272	277	282	287	292	297	302	308	313	317	322
	3,49	3,53	3,57	3,61	3,65	3,69	3,73	3,77	3,81	3,85	3,89	3,93	3,97	4,01	4,05	4,09	4,13	4,17	4,21	4,25	4,29	4,33	4,37	4,41	4,45
	327	332	337	342	347	351	356	361	366	370	375	379	384	389	393	398	402	407	411	416	420	424	429	433	438
	4,49																								
	442																								
Werfen	8,0	8,5	9,0	9,5	10,0	10,5	11,0	11,5	12,0	12,5	13,0	13,5	14,0	14,5	15,0	15,5	16,0	16,5	17,0	17,5	18,0	18,5	19,0	19,5	20,0
	2	10	18	25	32	40	46	53	60	66	73	79	85	91	97	103	109	114	120	125	131	136	141	146	152
	20,5	21,0	21,5	22,0	22,5	23,0	23,5	24,0	24,5	25,0	25,5	26,0	26,5	27,0	27,5	28,0	28,5	29,0	29,5	30,0	30,5	31,0	31,5	32,0	32,5
	157	162	166	171	176	181	186	190	195	200	204	209	213	217	222	226	230	235	239	243	247	251	255	259	263
	33,0	33,5	34,0	34,5	35,0	35,5	36,0	36,5	37,0	37,5	38,0	38,5	39,0	39,5	40,0	40,5	41,0	41,5	42,0	42,5	43,0	43,5	44,0	44,5	45,0
	267	271	275	279	283	287	290	294	298	302	305	309	313	316	320	323	327	331	334	338	341	345	348	351	355

1 Wie viele Punkte bekommen die Kinder?

a) Max braucht für 50 m 10,1 s.

b) Julia springt 2,65 m weit.

c) Kai wirft den Ball 25,5 m weit.

a) 1 5 1 Punkte

2 Wie viele Punkte bekommen die Kinder?

a) Esra wirft 18 m weit. Melina wirft 4 m weiter.

b) Michael läuft 9,4 s schnell. Thomas braucht eine Sekunde länger.

	Siegerurkunde	Ehrenurkunde
8 Jahre	ab 450	ab 575
9 Jahre	ab 525	ab 675
10 Jahre	ab 600	ab 775
11 Jahre	ab 675	ab 875

3 Wer bekommt welche Urkunde?

a) Anna ist 9 Jahre alt. Sie hat 136 Punkte für das Werfen, 277 Punkte für das Springen und 119 Punkte für das Laufen bekommen.

b) Erkan ist 9 Jahre alt. Für das Laufen erhält er 194 Punkte, beim Springen 229 Punkte und beim Werfen 186 Punkte.

c) Sebastian ist 10 Jahre alt. Er läuft 9,1 s schnell. Beim Weitsprung schafft er eine Weite von 3,17 m. Sebastian wirft den Ball 28 m weit.

4 Wie viele Punkte fehlen

a) zu einer Siegerurkunde?

b) zu einer Ehrenurkunde?

Sabrina: 9 Jahre
478 Punkte

Niklas: 9 Jahre
462 Punkte

Alex: 10 Jahre
513 Punkte

Larissa: 10 Jahre
521 Punkte

Rechnen in Sachsituationen

1 Wie weit müssen die Kinder mindestens werfen um …
a) eine Siegerurkunde zu erhalten?
b) eine Ehrenurkunde zu erhalten?

Dennis 10 Jahre	
Laufen	158 Punkte
Springen	322 Punkte

Philipp 9 Jahre	
Laufen	172 Punkte
Springen	317 Punkte

Sarah 10 Jahre	
Laufen	165 Punkte
Springen	337 Punkte

Pia 9 Jahre	
Laufen	144 Punkte
Springen	266 Punkte

2 Stefan hat eine Siegerurkunde.
Annika hat eine Ehrenurkunde.
Beide sind 10 Jahre alt.
Wie schnell könnten sie gelaufen sein?
Wie weit könnten sie gesprungen sein und geworfen haben?

3 a) Rechne die Gesamtpunktzahl aus und ordne nach den Punkten.

Mark	
Laufen	9,7 s
Springen	2,65 m
Werfen	21 m

Simon	
Laufen	10,0 s
Springen	2,77 m
Werfen	18,5 m

Jan	
Laufen	9,5 s
Springen	2,45 m
Werfen	19,5 m

b) Wie viele Punkte hat der Erste mehr als die Zweite?
c) Wie viele Punkte hat der Erste mehr als der Dritte?

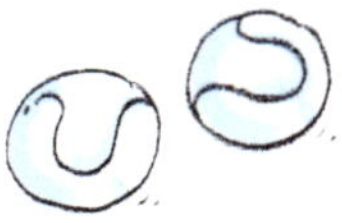

4 Laura wirft 12 m weit. Max wirft 7 m weiter.
Wie viele Punkte bekommt er mehr als Laura?

5 Hannah läuft 10,6 s schnell.
Vanessa ist eine Sekunde schneller.
Wie viele Punkte bekommt sie mehr als Hannah?

6 Hast du schon einmal bei Bundesjugendspielen mitgemacht?

Das kann ich jetzt

1

a) 231 + 426

b) 345 + 632

c) 603 + 275

d) 87 + 568

e) 479 + 350

2 Überschlage zuerst. Dann addiere schriftlich.

a) 246 + 393   b) 537 + 182   c) 198 + 437   d) 492 + 308   e) 803 + 169

725 + 166   468 + 215   635 + 274   576 + 224   437 + 373

3 Addiere schriftlich.

a) 231 + 342 + 324   b) 407 + 264 + 196   c) 356 + 283 + 202

4

a) 764 − 512

b) 497 − 265

c) 287 − 103

d) 598 − 75

e) 768 − 450

5 Überschlage zuerst. Dann subtrahiere schriftlich. Rechne auch die Probe.

a) 574 – 326   b) 487 – 265   c) 703 – 162   d) 960 – 487   e) 732 – 467

483 – 255   936 – 644   805 – 253   831 – 356   900 – 763

6 In welchen Koffer gehören die Aufgaben?

208 + 231   576 – 467   568 + 209   987 – 211   203 + 49

87 + 354   712 – 217   176 + 86   998 – 534   924 – 196

589 – 96   217 + 479   906 – 793   312 + 129

A

B

C